シリーズ これからの基礎物理学 1

鹿児島誠一・米谷民明［編集］

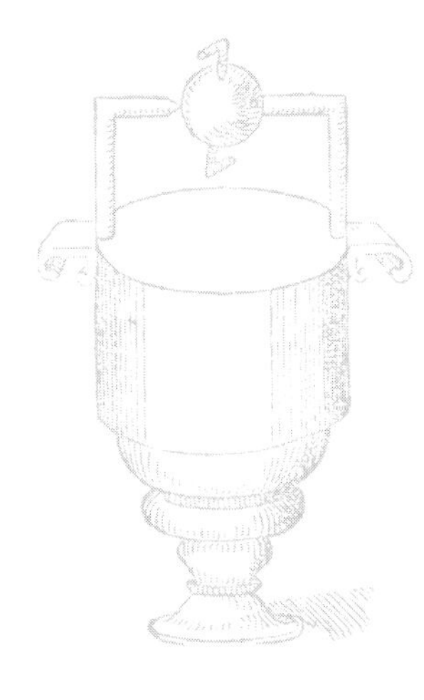

熱力学

初歩の統計力学を取り入れた

小野嘉之［著］

朝倉書店

まえがき

熱力学は，力学，電磁気学とともに物理学の根幹を構成する学問の 1 つです．18〜19 世紀の産業革命を経て，人類はエネルギーを如何に効率よく利用するかという課題に立ち向かう必要に迫られるようになり，そのような社会的背景の下で，熱力学は発展を続けてきました．熱の存在を身体で感じているヒトにとって，熱の本質を理解することは現在でも最も重要で身近なテーマであると言えるでしょう．

熱力学は，物質を構成する原子や分子の集合体としてのマクロな系の振る舞いを，少数の物理的変数で記述するものですが，近代科学の発展は，原子や分子など (あるいは，それらを構成するさらに根元的な素粒子，クォークなど) のミクロな系の存在，振る舞い等を明らかにしてきました．ミクロな系の振る舞いと，身近に存在していて，見たり，触ったりできるマクロな系の振る舞いがどのように関連づけられるかを扱う統計力学が 19〜20 世紀にかけて発展してきたのも当然の成り行きであったと思われます．従来，大学で物理学を学ぶ場合，歴史的経緯を反映してか，熱力学と統計力学は積み重ね型の科目として，別に教授されてきました．まとまった科目として (熱・統計力学のような形で) カリキュラムに組み込まれている場合にも，その中では，まずマクロな変数だけで記述される熱力学を学び，その後で統計力学を学び直すというのが，教育の現場で行われている現状ではないでしょうか．しかし，平衡系の熱力学がある程度確立している現在，熱力学の最初から，統計力学的な解釈・説明を取り入れて教える (あるいは学ぶ) という方式があってもよいのではないかというのが，本書の基本的アイディアです．実際，物質の原子的描像とそのミクロな世界を支配していると考えられる量子力学の存在が広く受け入れられている現代では，マクロな物理法則であっても，そのミクロな背景をある程度理解しながら学ぶことが，いろいろな分野に発展させて行くために大切だと思われます．もちろん，最初からあまり統計力学に立ち入りすぎても，熱力学のよいところが見えにくくなってしまう恐れがありますので，注意を要しますが，熱力学の美しい体系はきちんと理解し，学びながら，初歩的な統計力学によるミクロな解釈も同時に学ぶことができれば，将来，物理学を専門としない学生にとっては，望ましいことであると思われます．物理学を専門的に学ぼうと思っている学生にとっても形式的な熱力学だけを学ぶよりも，深い理解が得られるであろうことは期待できます．特に，熱力学だけでは，なかなか理解しがたいエントロピーの概念を理解するには，このような学び方が有用でしょう．

本書のタイトルは『初歩の統計力学を取り入れた熱力学』となっていますが，統計力学を理解するには確率・統計の考え方もある程度知っておく必要があります．また，統計力学の発展には量子力学の考え方が深く関わっていることもあり，量子力学の基本構造を用いて記述する方が，古典力学の範囲内だけで統計力学を学ぶよりもはるかに効率的であることがわかっていますので，本書では初歩的な量子力学についても触れています．

熱力学に限らず，物理学を学ぶ上で心がけるべきことは，考え方のプロセスを身につけることであると常々思っていますが，学生の学び方を見ていると，個々の知識の修得にとらわれすぎることが多いようです．実は，物理学における考え方の仕組みは普遍的であり，物理分野だけでなく，あらゆる問題の解決に応用できるものなのです．だからこそ，将来どのような分野を専門にするにしても，物理学の (あるいは熱力学の) 個々の知識の修得プロセスを通して，問題解決能力を身につけるという目標を忘れずに学習することが大切だと思います．本書もできるだけそのような学習方法に適した書き方でまとめたつもりです．編集委員の先生方の勧めもあり，解説の一部は例題の形にし，問いに対する解答として記述しました．統計力学の世界的権威であった久保亮五先生も述べておられますが，あることをわかるということは，「そのことに関して，自ら問いを発し，その問いに答えられるようになること」にほかなりません．問いに対する答えという形式で学ぶのは理にかなっていると思います．

第 6 章以降は，具体的な応用例や，統計力学的な考え方に，より深く立ち入りたいという学生のために書いたもので，将来の学問分野によっては，そこまで到達できなくても問題ないと思われます．また，参考文献は少なめに抑えて，本書で学ぶべきことは，できるだけ自己完結的になるように努めました．原著を調べるというような作業は，より専門的な勉強をするようになってからでよいのではないかと考えています．ただ，巻末に示した参考書の中には，そのような多くの文献を挙げているものもありますので，興味を持たれた場合は，孫引きをして頂ければよろしいと思います．

本書が，現代的な熱力学の学び方に関する１つの指針を与えることができれば幸いです．

2015 年 7 月

小 野 嘉 之

目　　次

1 熱と温度とエントロピー

この章では熱とは何かなど，熱力学を学ぶ上での基本的な概念を導入し，これから熱力学を学ぶための準備を整えよう．

1.1 熱の概念

熱は我々が肌で感じることができる大変身近なものである．しかし，熱の本質を人類が理解するようになったのはそれほど昔のことではない．現在では，物質が原子や分子から構成され，それらの乱雑な動きが熱の本質であることが知られているが，17 世紀頃には，ガッサンディ (Pierre Gassendi, 1592–1655) のように熱さや冷たさを与える“物質”あるいは“原子”が存在すると考えていた人々もいたのである[1,2]．このような考え方は，「熱物質説」と呼ばれ，人類が熱の概念を理解するに至った道筋を知る上で大変興味深いものではあり，燃焼をフロギストン (燃素) という“物質”で説明しようとしたフロギストン説とも深い関連があるが，本書の目的からは外れるのでこれ以上触れない[*1]．量としての熱と強度としての温度が明確に区別されるようになったのは，18 世紀に入ってからのことである．きっかけとなったのは，ブラック (Joseph Black, 1728–1799) による氷の融解実験であったといわれている．氷をゆっくり熱して溶かしていくと，熱は吸収されるのに温度は変化しないことを確かめた実験である．ブラッ

---

*1) ラヴォアジェ (Antoine-Laurent de Lavoisier, 1743–1794) が提唱した熱素 (カロリック) 説も熱物質説の一種であるが，彼は燃焼は酸素との結合によるものであると最初に指摘した．ただし，彼の考えた酸素は現在の酸素分子とは異なり，酸素の基と熱素 (カロリック) からなると考えていた．

クは吸収される熱に「潜熱」という呼称を与え，これはいまでも使われている術語である (4.3 節，5.2 節参照).

いまでは熱はエネルギーの 1 形態であると理解されている [*2)]．エネルギーという言葉を最初に導入したのは，18 世紀から 19 世紀にかけて活躍した物理学者ヤング (Thomas Young, 1773–1829) であり，1807 年のことである．energy の語源はギリシャ語で “効力” を意味する $\epsilon\nu\epsilon\rho\gamma\epsilon\iota\alpha$ であるとされている．ヤングは運動エネルギーとポテンシャルエネルギーの和を表す術語として導入したが，19 世紀後半に至るまで，あまり広く受け入れられることはなかった．産業革命の完成期に当たる 19 世紀後半には，多くの研究によって，力学的エネルギー，熱的エネルギー，電磁エネルギーの総和が保存されることが明らかになり，エネルギーという言葉も普通に使われるようになった.

ちなみに，核エネルギーをも含めた広い意味でのエネルギーの総和が保存する (時間変化しない) という物理法則は，熱力学第 1 法則としてまとめられている．熱が，物質の構成要素である原子や分子の乱雑な運動であることを，最も端的に示すのはブラウン運動である．これは，1820 年代の後半にイギリスの植物学者ブラウン (Robert Brown, 1773–1858) が水面上の花粉が壊れて飛び出した微粒子が水中で不規則な運動を示すことを顕微鏡観察で発見したもので，液体中の微粒子一般に関しても同様の振る舞いが確かめられた．1905 年になって，アインシュタイン (Albert Einstein, 1879–1955) によって，熱運動する液体分子が微粒子に不規則に衝突することに起因するという説明がなされ，当時はあまり認められていなかった原子や分子の存在の確認につながった.

▶熱の仕事当量

熱が力学的エネルギーと等価であることを実験で示したのはイギリスの物理学者ジュール (James Prescott Joule, 1818–1889) である．ジュールは電磁気学のジュールの法則 (電気抵抗 R の導体を流れる電流 I によって発生する熱量は

[*2)] 熱がエネルギーの 1 形態であることに最初に気づいたのは，バイエルン (現在のドイツ南部) で大砲の砲身をくり抜く作業に従事していたアメリカ人科学者トンプソン (Benjamin Thompson, 1753–1814) であるといわれている．トンプソンはドリルで砲身をくり抜く過程で，ドリルの運動が摩擦によって熱に変換されると考えた．トンプソンは後に当時の神聖ローマ帝国からランフォード伯の称号を授けられた.

図 1.1 ジェームズ・ジュール
1818 年イギリス，マンチェスター近郊で生まれ，電磁気学におけるジュールの法則の発見や熱の仕事等量の測定をはじめとする多くの貢献がある．エネルギーの単位である J (ジュール) に名を残す．

I^2R に等しいという法則，ジュール効果とも呼ばれる) で有名であるが，いろいろな方法で熱の仕事当量を測定している．電磁石を回転させてその誘導電流による発熱を利用した測定などもあるが，最も有名なものは，1845 年以降，繰り返し行われた羽根車を用いたものである．これは水中に入れた羽根車を，滑車とおもりを使って回転させ，おもりの落下距離と水温上昇の関係から熱の仕事当量を求めるというものであった．現代では，ジュール効果を利用して電気的エネルギーを熱に変換する方法によるものが主流であるが，精密な測定の結果

$$1\,\mathrm{cal} = 4.18605\,\mathrm{J} \tag{1.1}$$

であることが知られている[3)]．ここで，1 cal (カロリー) は水 1 g の温度を 1°C 上昇させるのに必要な熱量，1 J (ジュール) は 1 N (ニュートン) の力で物体を 1 m 移動させたときの仕事量 (エネルギー) である．

熱的現象を扱う学問分野を一般的に熱学 (thermal science) と呼ぶが，マクロな現象を対象とする熱力学，原子・分子レベルの熱運動を扱う分子運動論，ミクロな力学とマクロな熱力学の橋渡しをする統計力学などはすべて熱学に含まれる．まえがきにも書いたように，本書では，マクロな見方に限定することなく，ミクロな見方も適宜導入しながら，熱力学を学んでいくことにしよう．

▶ミクロとマクロ

上で，ミクロ，マクロという表現を特に説明なしに使ったが，ミクロ (微視的) およびマクロ (巨視的) という概念は物理学だけでなくいろいろな分野で用

いられる重要なものなので，少し補足説明をしておこう．

我々の住んでいる世界は，いろいろな意味で「個」と考えられるべき構成要素が多数集まってできている．「個」を「個」として扱う見方がミクロな見方であり，集合体全体の振る舞いを見る見方がマクロな見方である．社会における構成要素は個人であるので，個人の意見や振る舞いを個々に見るのはミクロな見方，地方自治体や国などの集団の動向を見るのはマクロな見方ということになる．物理学の分野でいえば，物質を構成する原子や分子の個々の運動や状態を扱う量子力学はミクロな世界の力学であり，気体，液体，固体など我々が直接目で見たり手で触ったりできるマクロな物質の状態を記述する学問が熱力学である．例えば，コップの中に入っている水には 10^{24} 個程度の水分子が含まれているが，我々が水としてそれを見ているときには，構成要素であるすべての水分子の位置や運動量など力学的な変数については問題とせず，集団としての振る舞いを，温度や密度など少数の変数で記述する．これら少数の変数は「熱力学変数」と呼ばれ，それらの変数によって決まる物理量は「熱力学関数」と呼ばれる．熱力学においては，熱力学変数が互いに関数関係を持ちうるので，「変数」，「関数」という呼び方はあまり固定的に考えない方がよいと思われる．具体的な例は，本書を読み進んでいくうちにいくつも見ることになるであろう．

1.2 温　　　　度

暑い，寒いあるいは熱い，冷たいなどの体感は温度 *3) という概念のはじまりであろう．医学を経験科学へ発展させたといわれている古代ギリシャの医師ヒポクラテス (Hippokrates，紀元前 5–4 世紀) の時代から，体温とヒトの健康状態の深い関連は注目されていた．しかし，現代の温度の概念が確立したのは，16 世紀末以降に “温度計” が使われるようになってからである．温度計は物質の諸性質が温度に依存することを利用し，物質の目に見える変化から温度を知る

---

*3) 日本語の温度は温かさの度合いという意味合いであるが，英語など欧州語における temperature は気質などを意味する temperament と同じくラテン語の temperare (混ぜる) を語源としている．ヒポクラテスは，人体の中を流れる 4 種類の液体 (4 体液—血液，粘液，黄胆汁，黒胆汁) の混合バランスが崩れると健康を害すると考えていた．また，4 体液の混ざり具合で体温を含む体質や気質が決まると考えられていたようである．

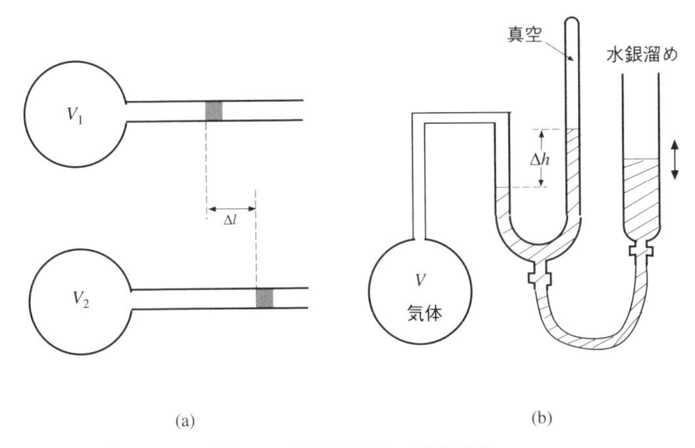

図 1.2　気体温度計の動作原理

(a) は温度の上昇とともに気体の体積が増えることを用い，可動栓の移動距離 Δl から読み取った体積変化によって温度変化を測定する．(b) は等積気体温度計であり，気体の体積を一定に保つように水銀溜めを上下させ，温度による圧力変化を U 字管の左右の水銀準位差 Δh から読み取る仕組みである．U 字管部分は，U 字管マノメータ (液柱圧力計) と呼ばれる．

計測器である．

最初の温度計は，16 世紀末にガリレオ (Galileo Galilei, 1564–1642) によって作られたといわれているが，フラスコの首の部分を長くしたような筒状のガラス容器を液体中に倒立させ，球状部分に封入された空気が温度の変化によって体積変化し，筒内の水面位置が上下することから，温度の変化を観測するというものであったらしい．目盛りはなかったといわれている．初期の温度計は，このような気体温度計 (気体の体積や圧力が温度変化することを利用した温度計，簡単な動作原理を図 1.2 に示す) であったが，それでも温度を定量的に測定できるようになったことから，単なる体感温度に頼らない温度の認識ができるようになった [*4]．その後，いろいろな温度計がさまざまな人々によって開発された．現在でも使用されているものには，アルコールの水溶液を細いガラス管の中に閉じ込めたもの，水銀を用いたものなどがある (液体温度計と呼ばれる，

---

*4) ガリレオの弟子であるサグレド (Giovani Francesco Sagredo) が師に宛てた手紙の中で，冬と夏の井戸水の温度では冬の方が低温であることがわかったと報告している．体感でいえば，夏の井戸水は冷たく，冬の井戸水は暖かく感じるということは誰もが経験することである．

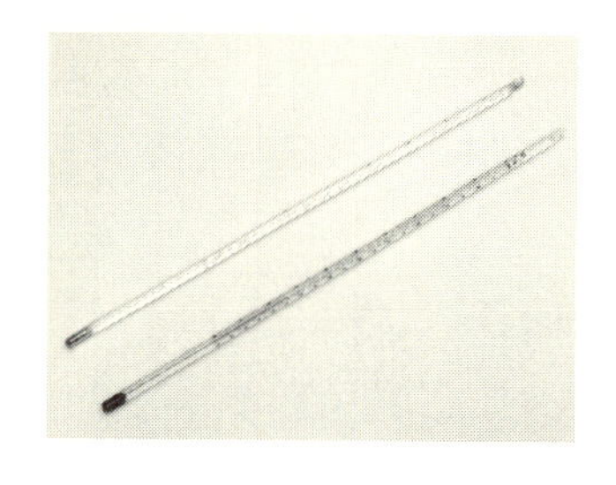

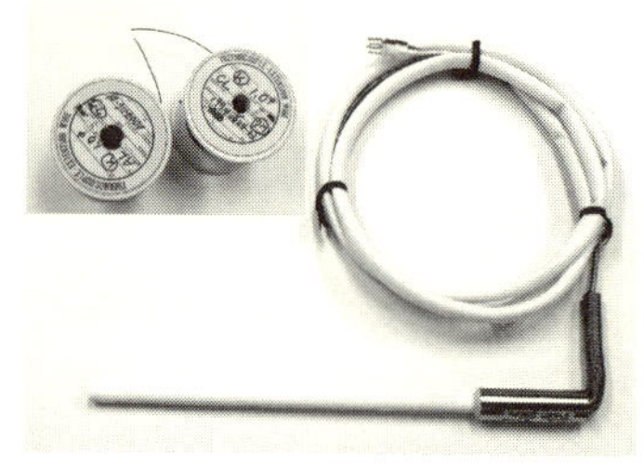

図 1.3　液体の熱膨張を利用した液体温度計 (左) と熱起電力を利用した熱電対温度計 (右)
左の写真で上は水銀温度計，下はアルコール温度計である．どちらも実験などでよく用いられる．右の写真で挿入写真は，熱電対に用いられる線材である．これらを含め，本章における温度計の写真は，すべて明治大学，鹿児島誠一氏提供．

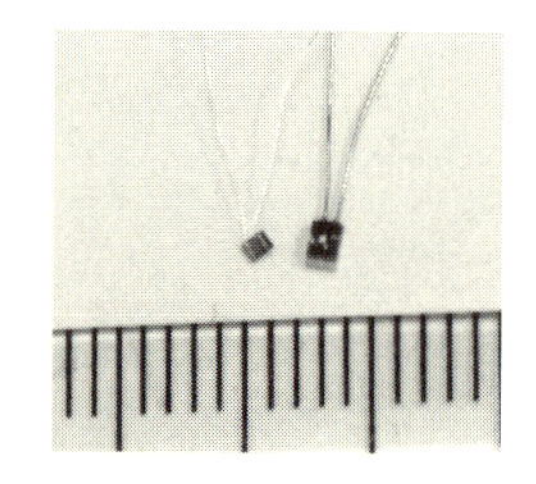

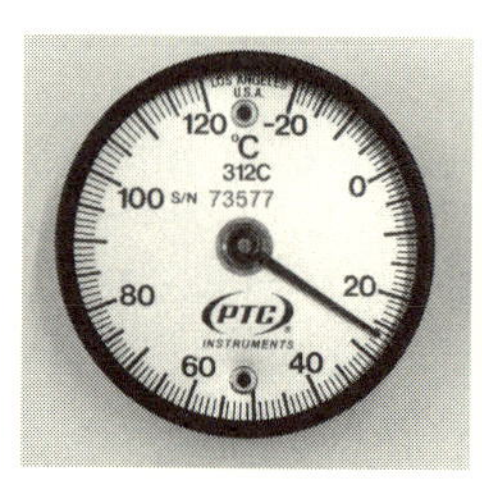

図 1.4　抵抗温度計の例 (左) とバイメタル温度計 (右)
左の写真で，左側の小さいものは酸化物抵抗体，右側は白金抵抗である．物指しの目盛りは 1 mm．右の写真で左側にあるのはバイメタル温度計の前面，右側は裏から内部が見えるようにしたもの．

図 1.3 左)．このほか，熱電現象を利用した熱電対温度計 (図 1.3 右)*5)，電気抵抗が温度に依存することを利用する抵抗温度計 (図 1.4 左)，2 種類の金属板を貼り合わせたバイメタル温度計 (2 つの金属の熱膨張率の違いを反映して，温度が変わるとバイメタルが反ることを利用する) (図 1.4 右)，熱放射の周波数分布が温度によることを利用する放射温度計 (図 1.5)*6) などがある．

温度目盛りについても，非常に多くの方法が提唱され，用いられてきたが，基

---

*5)　金属の両端の温度を違えると，金属中に電位勾配 (電場) が生じる現象をゼーベック効果というが，同じ状況下でも金属によって生じる電場の強さは異なる．そこで，2 種類の金属の両端を結びつけてループ回路を作り，2 つの接点を異なる温度に接触させると，ループ回路に沿って起電力が発生する．これによる電流や電圧を測定することによって，温度差がわかるという仕組みを利用したのが熱電対温度計である．

*6)　最近では耳の穴の中の赤外線周波数分布を測定する耳体温計が実用化されている．

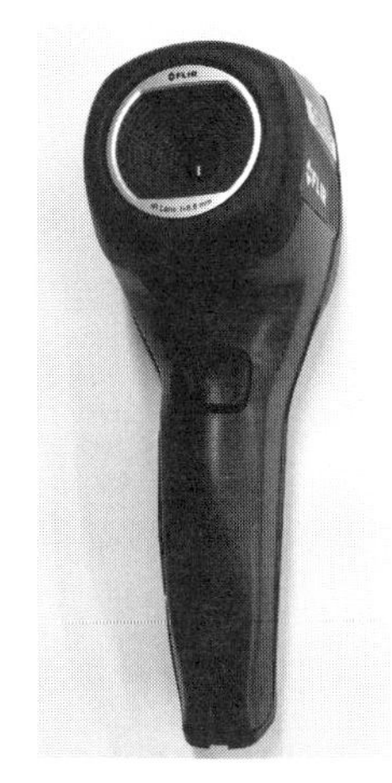

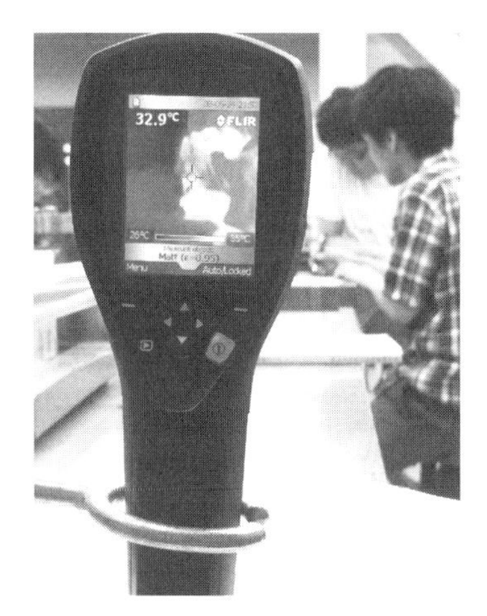

図 1.5　放射温度計の例
左は観測口の方向から見たもの．右は温度実測の様子．

本的には，複数の定点を決めて，間を等分するというものである．現在でも生き残っているのは，ドイツの物理学者ファーレンハイト (Gabriel Daniel Fahrenheit, 1686–1736) が 1724 年に提唱した華氏温度 (°F)[*7)]，およびスウェーデンの天文学者セルシウス (Anders Celsius, 1701–1744) が 1742 年に考案したとされる摂氏温度 (°C)[*8)] である．この 2 つの温度目盛りも最初から，現在のようなものであったわけではない．ファーレンハイトは最初 3 つの定点 (海水と氷の混合系の温度，0°F，単純水中で融解する氷の温度，32°F，ヒトの体温，96°F) を考えたが，後に微調整して，氷と水の混合系を 32°F，沸騰するお湯の温度を 212°F とし，間を 180 等分する目盛りにした．セルシウスは最初から，氷と水の混合系および沸騰するお湯の温度を定点としたが，初期には，前者を 100°，後者を 0° としていた．マイナス表示を避けるために逆向きの目盛りを採用したといわれている．セルシウスは温度目盛り提唱後 2 年ほどでなくなっているが，死後，目盛りは逆向きにされ，現在用いられている形になった．100 等分目盛りなので，センチグレイド (centigrade) と呼ばれることもある．国際単位系ではセルシウス度とされている．アメリカなどでは華氏温度がいまでも日常的に用いら

---

*7)　中国語でファーレンハイトを華倫海特と表記したことから華氏と呼ばれるようになった．

*8)　セルシウスは中国語で摂爾思と表記された．

れているが，国際的には摂氏温度を用いるのが普通である．華氏温度を F，摂氏温度を C とすると，温度換算は次のようになる．

$$F = \frac{9}{5}C + 32, \quad C = \frac{5}{9}(F - 32). \tag{1.2}$$

1.3 ボイル–シャルルの法則——理想気体の状態方程式

熱力学発展の初期においては，気体の熱的研究に多くの精力が傾けられた．現在では理想気体と表現されている希薄気体の研究では，17 世紀半ばに活躍したイギリスのボイル (Robert Boyle, 1627–1691) や 18 世紀後半から 19 世紀前半にかけて活躍したフランスのシャルル (Jacques Alexandre Cesar Charles, 1746–1823) の業績が特筆される．ボイルが実験的に発見した法則 (発表は 1661 年) は，温度が一定に保たれた一定量の (理想) 気体の体積は圧力に反比例するというもので，圧力，体積，温度をそれぞれ P, V, t[*9] で表せば，

$$PV = f(t) \tag{1.3}$$

のように表現できる (ボイルの法則と呼ばれる)．ここで，$f(t)$ は温度だけの関数であり，最初の段階ではその形は知られていなかった．1780 年代にシャルルが発見した法則は，圧力一定の条件下にある一定量の気体の体積は，温度 t の 1 次関数になるというものであり，式で表せば

$$V = g(P)(T_0 + t) \tag{1.4}$$

となる (シャルルの法則)．ここで，T_0 は気体の種類によらない定数，$g(P)$ は圧力だけで決まる関数である．この 2 つの法則は，19 世紀初頭，フランスのゲイ=リュサック (Joseph-Louis Gay-Lusac, 1778–1850) によって次のような形にまとめられた．

$$PV = nR(T_0 + t). \tag{1.5}$$

ここで，n は気体の物質量 (モル数) であり，R は気体の種類によらない定数であって，**気体定数** (gas constant) と呼ばれる．気体定数は，後で出てくる，ボ

---

*9) 後の便宜上，ここでは摂氏温度で計った温度を t で表しておく．

図 1.6　ロバート・ボイル (左) とジャック・シャルル (右)
2 人が実験的に発見した希薄気体に対する法則は，熱力学が学問として形成されるための礎となった．

ルツマン定数 k_{B} とアボガドロ数 N_{A} (物質量 1 mol の中に含まれる分子 (あるいは原子) 数 $\simeq 6.022 \times 10^{23}$) の積で与えられ，

$$R = k_{\mathrm{B}} N_{\mathrm{A}} \simeq 8.314\,\mathrm{J/K \cdot mol} \tag{1.6}$$

という値を持つ．ここで，K は後で説明する絶対温度の単位ケルビンを意味する．ここでの説明には必ずしも必要がないのであるが，よい機会なので，後々のために，物質量などについて補足説明をしておこう．原子の質量を一定のルールのもとに定めたものを原子量というが，1962 年に質量数 (=原子核の陽子と中性子の数を合わせたもの) 12 の炭素原子の原子量を 12 とすることが，国際的に定められ，その質量を基準にして，ほかの原子の原子量も決められることになった．自然界に存在する元素の原子量は，同位元素 (陽子数は同じだが，中性子数は異なる原子) の存在比を考慮して決められている．質量数 m の原子が m g (グラム) 存在するとき，物質量が 1 mol (モル) であるという．ついでに，ボルツマン定数の具体的値も示しておこう [*10)]．

$$k_{\mathrm{B}} = \frac{R}{N_{\mathrm{A}}} = 1.381 \times 10^{-23}\,\mathrm{J/K}. \tag{1.7}$$

式 (1.5) で表される法則は現在では "**理想気体の状態方程式**" あるいは "**ボイル–シャルルの法則**" と呼ばれている．ゲイ＝リュサックは 0°C の気体を 1°C だけ加熱したときの体積変化から，T_0 の値を約 273 と定めたが，現在のより正

---

*10)　ここで，式 (1.6) の左辺に現れる mol が消えているのは，アボガドロ数が本来モル当たりの原子数なので，mol^{-1} という次元を持つためである．ただし，アボガドロ数をそのような次元つきで表すことは通常しておらず，単なる数として表記されるのが普通である．

図 **1.7** ケルビン卿，ウィリアム・トムソン　特に熱力学分野で多くの功績を残した．絶対温度の単位 K (ケルビン) に名を残している．

確な値は 273.15 である．式 (1.5) は，気体の温度を $-273.15°\mathrm{C}$ より低くは下げられないことを意味している．当初，このような温度限界が存在することはなかなか受け入れられなかった．しかし，物質が分子から成り立っており，温度は物質を構成する分子の平均運動エネルギーの尺度であることが理解されるようになったため，温度を下げて，すべての分子が静止することになれば，温度をそれ以上下げられないということがあってもよいと考えられるようになった．1848 年に，この最低温度はイギリスの物理学者トムソン (William Thomson, 1824–1907，後のケルビン卿 (Lord Kelvin，1892 年以降)) によって**絶対零度**と名づけられた．

$$T = T_0 + t \tag{1.8}$$

は**絶対温度**あるいは**ケルビン温度**と呼ばれ，単位は K で表される．したがって，$0°\mathrm{C}$ は 273.15 K である．

ボイル–シャルルの法則は，気体温度計の原理を説明していると考えることもできる．すなわち，気体の体積変化から，温度変化を読み取ることが可能なのである．温度計が十分に整備されていない時代にシャルルの法則を発見することは難しいと思うかもしれないが，気体の**熱容量** (温度を $1°\mathrm{C}$ 上げるのに必要な熱量)*11) が一定であれば，一定の加熱量から温度上昇分を換算することができるので，可能なのである．実際，後の研究によって理想気体 (希薄気体) の熱

---

*11) 熱容量 C は，系の温度を ΔT だけ上昇させるのに必要な熱量を ΔQ とするとき，$C = \lim_{\Delta T \to 0} \Delta Q / \Delta T$ によって定義される．気体の熱容量には，体積一定の条件下での定積熱容量と，圧力一定のもとでの定圧熱容量がある．熱容量を単位質量当たり，1 分子当たり，1 mol 当たりなどに換算したものは比熱と呼ばれる．

容量はほぼ一定と考えてよいことが示されている (2.2 節，3.5 節参照).

1.4　平衡，非平衡と熱力学第 0 法則

熱力学で最もやっかいな (すなわち，理解することが困難な) 量は，エントロピーであるが，エントロピーという概念の誕生を理解するためには，いくつかの準備が必要である．この節では，まず「平衡」,「非平衡」について説明しよう．

平衡 (あるいは**熱平衡**) とは，温度，圧力，体積など系の熱力学的状態を記述する変数が定常 (時間変化しない) で，外部の系との間にエネルギーや物質の正味の流れがない状態のことをいう．この条件を満たさないものはすべて非平衡である．少々ややこしい書き方をしたが，系が高温の外界と低温の外界に異なる部分で接触しており，高温側から低温側に熱エネルギーが定常的に流れているような状態は，たとえ熱力学変数が時間変化しないとしても，非平衡である (定常非平衡状態という)．また，2 つの電極で外部の電源に結合し，一定の電流が流れている導体も，電流によって発生するジュール熱を周囲の媒体に放出して温度を一定に保つようにしてあれば，定常非平衡系となる．熱平衡といっても，ミクロに見れば外界と熱エネルギーのやり取りがあってもよい．そのゆらぎを平均した場合に，正味の熱の出入りがなければよいのである．

上で,「状態」という言葉を少し曖昧に用いたが [*12)]，狭い意味で，熱力学的状態とは，平衡状態を指す．現実には非平衡状態という概念もありうるので，曖昧な使い方をしたのである．単に，熱力学というときは，平衡状態の熱力学を念頭におく場合が多い．本書でも，中心はあくまでも平衡系の熱力学である．狭い意味での熱力学的状態を記述する物理量で，その状態がどのような経路をたどって実現したかには依存しないもの [*13)] を「**状態量**」と呼ぶ．状態量は状態に依存して変化するので,「**状態変数**」とも呼ばれる．状態量となりうるものには，上述の温度，圧力，体積のほかに，物質量，密度，内部エネルギー (力学

---

*12)　第 2 章で扱う，統計力学における「状態」は，ここで扱っている熱力学的状態とは，少し異なる意味で用いられる．同じ言葉でも，状況によって意味が変わってくる場合があるので，注意する必要がある．

*13)　すなわち，状態が決まれば一意的に決まるもの．

的エネルギー，すなわち構成粒子の運動エネルギーとポテンシャルエネルギーの和) や，これから登場することになるエントロピーなどが含まれる．

いま，3 つの系，A, B, C があり，A と B，B と C，C と A がそれぞれ熱的に接触している *14) としよう．A と B が平衡であり，B と C が平衡であれば，A と C も平衡になるという法則は，**熱力学の第 0 法則**と呼ばれる．別のいい方をすれば，A と B の温度が等しく，B と C の温度が等しければ，C と A の温度も等しいということであり，系の熱的状態を記述する変数としての温度の概念が理解されれば，しごく当たり前のことである．

1.5 熱機関の効率——カルノー・サイクル

前にも触れたように，熱力学が発展したのは，産業革命でいろいろな技術が生み出され，それに伴って，エネルギーをいろいろな生産に利用するようになった時期であった．産業界の要請でイギリスのニューコメン (Thomas Newcomen, 1664–1729) やスコットランドのワット (James Watt, 1736–1819) らによって，蒸気機関が発明，改良され鉱業や工業に利用されるようになると，熱エネルギーを力学的力に変換する熱機関 (thermal engine) の効率が問題になってきて，その方向での研究も進展した．この分野で大きな貢献があったのはフランスの物理学者カルノー (Nicolas Léonard Sadi Carnot, 1796–1832) である．カルノーは，熱機関を「高温源 (例えばボイラー) から熱を吸収し，低温源 (例えば，冷却水) に熱を放出してもとに戻る系」として一般化し，その間に力学的な仕事をするも

図 1.8 カルノー・サイクルにその名を残すニコラ・カルノー

*14) 熱エネルギーのやり取りが可能であるが，物質のやり取りはないような接触．

のと考えた．これを1サイクルとして繰り返すことにすれば，熱エネルギーを力学的仕事に変換する機関となるわけである．このような機関を**カルノー・エンジン**あるいは**カルノー・サイクル**と呼ぶ．カルノー・サイクルでは，気体を熱の吸収・放出のための媒質として用いることが念頭におかれている．途中の媒質の変化をゆっくりにして，可逆になるようにしたものを，可逆カルノー・サイクルと呼び，可逆でない変化も含む場合を非可逆カルノー・サイクルと呼ぶ．単にカルノー・サイクルというときは，可逆なものを指すのが普通である．本書でも以下では可逆カルノー・サイクルを扱うことにする（"可逆"は特に必要でない限りつけない）．

カルノー自身は熱の本質が物質を構成する分子のランダムな運動にあることを必ずしも理解しておらず，どちらかというと熱素説の信奉者であったようである[2]が，最もよい効率を得るためには，媒質の状態変化をできるだけゆっくりとさせて，可逆な変化だけからなるサイクルで熱機関を構成すればよいと直感的に洞察した．急激で非可逆な変化を伴えば，無駄も多いと考えたわけである．カルノー・エンジンを概念的に図示すれば，図1.9のようになる．温度T_{H}の高温熱源からΔQ_{H}の熱を吸収し，熱機関Cで仕事Wをした後に，温度T_{L}の低温熱源にΔQ_{L}の熱を放出して，もとの状態に戻るというものである．熱

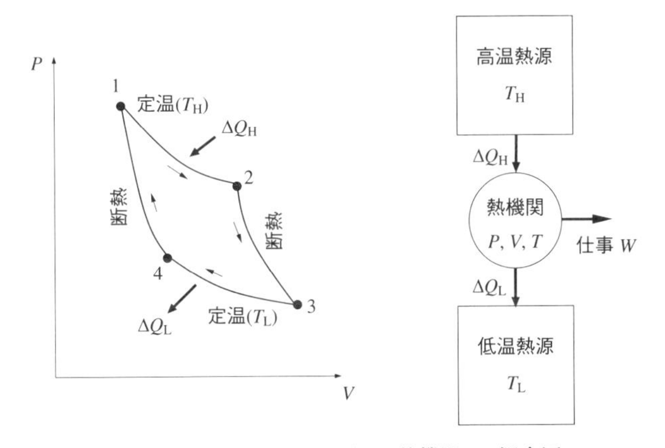

図 1.9　カルノー・エンジン（熱機関）の概念図
左図は，熱機関の稼働媒質である気体の状態をV–P面上の状態図（系の状態を圧力Pを縦軸に，体積Vを横軸にした平面上に表示したもの）で示したもの．

図 1.10 ルドルフ・クラウジウス
熱力学第 1, 第 2 法則の定式化や, エントロピー概念の導入など, 熱力学分野で大きな貢献を残した.

の吸収・放出は定温過程で行われ, 2 つの定温過程を結びつける 2 つの断熱過程が含まれる. 気体の膨張・収縮に伴って力学的仕事がなされる. 式で表せば, 1 サイクルで外部になされる仕事 W は次のようになる.

$$W = \int_{1\to 2} P\mathrm{d}V + \int_{2\to 3} P\mathrm{d}V + \int_{3\to 4} P\mathrm{d}V + \int_{4\to 1} P\mathrm{d}V. \tag{1.9}$$

図 1.9 (左) からもわかるように, 一般に第 3 項, 第 4 項は負になる. 式 (1.9) の右辺は, 図の曲線 $1 \to 2 \to 3 \to 4 \to 1$ で囲まれる図形の面積になる. エネルギー保存則から, W は ΔQ_{H} と ΔQ_{L} の差で与えられ, 効率 η は W と ΔQ_{H} の比で与えられる.

$$W = \Delta Q_{\mathrm{H}} - \Delta Q_{\mathrm{L}}, \tag{1.10}$$

$$\eta = \frac{W}{\Delta Q_{\mathrm{H}}} = 1 - \frac{\Delta Q_{\mathrm{L}}}{\Delta Q_{\mathrm{H}}}. \tag{1.11}$$

その後, カルノー・サイクル (カルノー・エンジン) は, 多くの研究者によって研究され, エントロピーや熱力学第 2 法則の構築と理解につながった.

媒質として, 理想気体を用いた場合の効率の計算は, ドイツの物理学者クラウジウス (Rudolf Julius Emmanuel Clausius, 1822–1888) によってなされた. 熱力学の初歩的な練習問題にもなるので, それを以下に例題として説明しよう. 断熱過程では熱の出入りはないので, 計算すべきものは ΔQ_{H} と ΔQ_{L} だけである.

例題1.5-1 理想気体を媒質とするカルノー・サイクル (エンジン) の効率 η を求めよ.

[解答]　まず，高温熱源から熱を吸収する過程では，一般には系の温度が上昇してしまうのであるが，外部に仕事をしながら温度が上昇しないようにして吸収すれば，定温過程にすることができる．カルノー・サイクルが可逆であるというときの物理的意味はここにある．したがって，

$$\begin{aligned}\Delta Q_{\mathrm{H}} &= \int_{1\to 2} P\mathrm{d}V \\ &= nRT_{\mathrm{H}} \int_{1\to 2} \frac{\mathrm{d}V}{V} \\ &= nRT_{\mathrm{H}} \ln \frac{V_2}{V_1} \end{aligned} \tag{1.12}$$

となる．2 段目への変形には理想気体の状態方程式 (式 (1.5), (1.8)) が用いられている．同様の考察から，

$$\begin{aligned}\Delta Q_{\mathrm{L}} &= -\int_{3\to 4} P\mathrm{d}V \\ &= -nRT_{\mathrm{L}} \int_{3\to 4} \frac{\mathrm{d}V}{V} \\ &= nRT_{\mathrm{L}} \ln \frac{V_3}{V_4} \end{aligned} \tag{1.13}$$

が得られる．積分の前の負号は，ΔQ_{L} を放出される熱量として定義したためについている．

これらの結果を式 (1.11) に代入すれば，

$$\eta = 1 - \frac{T_{\mathrm{L}}}{T_{\mathrm{H}}} \frac{\ln(V_3/V_4)}{\ln(V_2/V_1)} \tag{1.14}$$

となる．理想気体の断熱過程においては，次の例題 1.5-2 で示されるように，$PV^{\gamma} =$ 一定 ($\gamma = C_P/C_V$ は定圧熱容量と定積熱容量の比) の関係が成り立つ．したがって，

$$P_2V_2^{\gamma} = P_3V_3^{\gamma}, \quad P_1V_1^{\gamma} = P_4V_4^{\gamma} \tag{1.15}$$

であり，理想気体の状態方程式を用いて P を消去すれば，

$$T_{\mathrm{H}}V_2^{\gamma-1} = T_{\mathrm{L}}V_3^{\gamma-1}, \quad T_{\mathrm{H}}V_1^{\gamma-1} = T_{\mathrm{L}}V_4^{\gamma-1} \tag{1.16}$$

が得られる．これらの関係式から

$$\frac{V_2}{V_1} = \frac{V_3}{V_4} \tag{1.17}$$

を導くのは容易である．この結果，式 (1.14) は

$$\eta = 1 - \frac{T_{\mathrm{L}}}{T_{\mathrm{H}}} \tag{1.18}$$

となる．式 (1.11) と (1.18) を比較すれば

$$\frac{\Delta Q_{\mathrm{H}}}{T_{\mathrm{H}}} = \frac{\Delta Q_{\mathrm{L}}}{T_{\mathrm{L}}} \tag{1.19}$$

が得られる．■

例題1.5-2 理想気体の断熱過程における圧力 P と体積 V の関係を求めよ．

[解答]　この問題に答えるための準備として，まず，理想気体の定圧熱容量と定積熱容量の関係を求めておこう．

気体に外部から微少な熱量 δQ が与えられた場合，一般に，内部エネルギー U と体積 V の微少増加 $\mathrm{d}U, \mathrm{d}V$ が発生する．気体の圧力を P とすれば，体積増加に伴って，外部に $P\mathrm{d}V$ の仕事をすることになるので，エネルギー保存則 (熱力学第 1 法則) によって

$$\delta Q = \mathrm{d}U + P\mathrm{d}V \tag{1.20}$$

が成り立つ．右辺第 1 項は，体積を一定に保った場合 ($\mathrm{d}V=0$) の吸熱量に等しいので，定積熱容量 C_V を用いて

$$\mathrm{d}U = C_V \mathrm{d}T \tag{1.21}$$

と書くことができる．

気体の熱容量は，体積を一定にした場合と圧力を一定にした場合では違いがある．圧力一定の場合，一般に吸熱に伴って体積が増加し，外界に仕事をするからである．熱容量は式 (1.20) の左辺を温度の微小変化で割ったもので定義されるので，定積熱容量 C_V と，定圧熱容量 C_P は，それぞれ以下のように表すことができる．

$$C_V = \left(\frac{\partial U}{\partial T}\right)_V, \tag{1.22}$$

$$C_P = \left(\frac{\partial U}{\partial T}\right)_P + P\left(\frac{\partial V}{\partial T}\right)_P$$

$$
\begin{aligned}
&= \left(\frac{\partial U}{\partial T}\right)_V + \left(\frac{\partial U}{\partial V}\right)_T \left(\frac{\partial V}{\partial T}\right)_P + nR \\
&= C_V + nR + \left[\left(\frac{\partial U}{\partial V}\right)_S + \left(\frac{\partial U}{\partial S}\right)_V \left(\frac{\partial S}{\partial V}\right)_T\right] \frac{nR}{P} \\
&= C_V + nR + \left[-P - T\frac{\partial^2 F}{\partial V \partial T}\right] \frac{nR}{P} \\
&= C_V + nR + \left[-P + T\left(\frac{\partial P}{\partial T}\right)_V\right] \frac{nR}{P} \\
&= C_V + nR.
\end{aligned} \tag{1.23}
$$

途中で理想気体の状態方程式を用いた．また，中ほどに出てくる S は次節で導入されるエントロピーである *15)．したがって

$$
C_P - C_V = nR \tag{1.24}
$$

となる．この関係式は，**マイヤーの関係式** (Mayer's relation)*16) と呼ばれている．これは，理想気体の場合には成り立つが，分子間相互作用が無視できない場合には成り立たないことに注意せよ．

断熱過程の場合，$\delta Q = 0$ なので，式 (1.20), (1.24) から

$$
C_V \mathrm{d}T = -P\mathrm{d}V = -\frac{nRT}{V}\mathrm{d}V = -(C_P - C_V)\frac{T}{V}\mathrm{d}V \tag{1.25}
$$

となる．この段階で，C_V や C_P が温度に依存する可能性は消し切れていないが，統計力学的な扱いで，理想気体の C_V が定数となることが示されるので (2.2 節，3.5 節参照)，以下では，C_V と C_P は定数であるものとし，定圧熱容量と定積熱容量の比 $\gamma = C_P/C_V$ を導入する．式 (1.25) の両辺 (左端と右端) を T で割って，それぞれ積分することによって，

$$
TV^{\gamma-1} = \text{定数} \tag{1.26}
$$

が得られる．ここで，再度状態方程式を用いて T を消去すれば，

$$
PV^{\gamma} = \text{定数} \tag{1.27}
$$

*15) 式の変形については，この時点で完全に理解できなくてもあまり気にすることはない．第 3 章あたりまで学んだ後に見直せば，自然に理解できるようになる．

*16) ドイツ人物理学者，マイヤー (Julius Robert von Mayer) にちなむ．

が導かれる．この関係式は，ポアッソンの関係式 (Poisson's relation)[*17] と呼ばれる． ■

例題 1.5-1 の式 (1.19) は，クラウジウスの等式と呼ばれる[*18]．カルノーは水が上流から下流に流れるイメージでカルノー・エンジンのエネルギーの流れを考えていたが，式 (1.19) からは，高温側から低温側に流れ落ちているのは，$\Delta Q/T$ で表される量であることが明らかになったのである．熱エネルギーを温度 (絶対温度) で割った量を，クラウジウスはエントロピーと名づけ，S で表した．entoropy はギリシャ語の $\tau\rho o\pi\eta$ (= transformation or change；変換あるいは変化) から導入したもので，意識的にエネルギー (energy) に似せたといわれている．

1.6 熱機関の効率と熱力学第 2 法則

クラウジウスは熱機関の効率の考察から，さらに「熱は低温側から高温側に自然に (すなわち，そのほかに何の変化も起こさずに) 流れることはない」という要請をおくことを思いついた．これは，現在では熱力学第 2 法則として知られるものの 1 つの表現であり，クラウジウスの原理と呼ばれている．この要請を用いることによって，カルノー・エンジンは，一般の熱機関の中で最大の効率を持つものであることを示すことができる．

例題1.6-1 カルノー・エンジンの効率が最大であることを示せ．

[解答] 図 1.11 で示されるようなカルノー・エンジンと一般的な熱機関の合成系を考える．カルノー・エンジンは可逆過程からなるので，逆転させ低温熱源から ΔQ_{CL} を吸収し，高温熱源へ ΔQ_{CH} を放出する冷却器 (refrigerator) として働かせよう．その際，外部から仕事 W を加える必要があるが，それは，も

---

*17) フランスの物理学者，数学者ポアッソン (Siméon Denis Poisson, 1781–1840) にちなむ．

*18) 理想気体は非常に特殊であると思われるかもしれないが，理想気体でなくても，1.6 節で議論するように，$\Delta Q_{\mathrm{L}}/\Delta Q_{\mathrm{H}}$ は，T_{H} と T_{L} だけの関数であることが示される．この関数を $f(T_{\mathrm{H}}, T_{\mathrm{L}})$ のように表すと，f は $f(x,z) = f(x,y)f(y,z)$ という性質を持つことが導かれる[4]．理想気体の場合は当然この関係式を満たしているが，逆に，この関係式を利用して，絶対温度をカルノー・エンジンの効率を測定することによって定めるという考え方も成り立つ[4]．

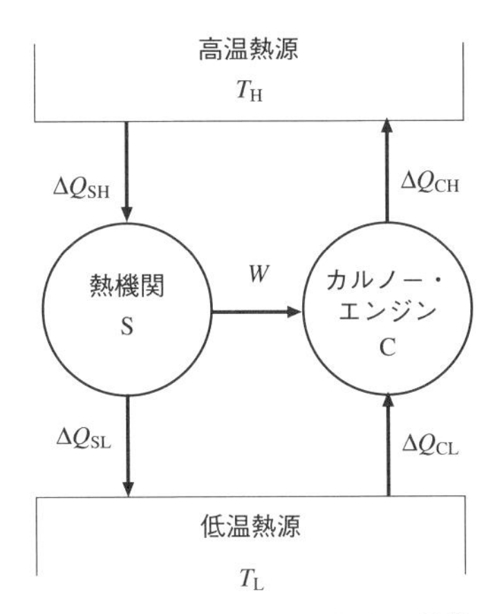

図 1.11　カルノー・エンジン C と一般的な熱機関 S の合成系

う 1 つの熱機関 S によって発生させることにする．S が高温熱源から吸収する熱量を $\Delta Q_{\rm SH}$，低温熱源に放出する熱量を $\Delta Q_{\rm SL}$ としよう．S の効率を $\eta_{\rm S}$，C の効率 [*19] を $\eta_{\rm C}$ と書くことにすれば，

$$\eta_{\rm S} = 1 - \frac{\Delta Q_{\rm SL}}{\Delta Q_{\rm SH}} = 1 - \frac{\Delta Q_{\rm SH} - W}{\Delta Q_{\rm SH}} = \frac{W}{\Delta Q_{\rm SH}}, \tag{1.28}$$

$$\eta_{\rm C} = 1 - \frac{\Delta Q_{\rm CL}}{\Delta Q_{\rm CH}} = 1 - \frac{\Delta Q_{\rm CH} - W}{\Delta Q_{\rm CH}} = \frac{W}{\Delta Q_{\rm CH}} \tag{1.29}$$

である．仮に $\eta_{\rm S} > \eta_{\rm C}$ であるとすれば，$\Delta Q_{\rm SH} < \Delta Q_{\rm CH}$ でなければならないから，合成系としては，$\Delta Q_{\rm CL} - \Delta Q_{\rm SL} = \Delta Q_{\rm CH} - \Delta Q_{\rm SH}$ (> 0) の熱量を，低温熱源から吸収し，高温熱源に放出して，ほかに何の変化も残さないことになる．これは，上記の要請 (熱力学第 2 法則) に反するので，$\eta_{\rm S} \leq \eta_{\rm C}$ でなければならない．したがって，一般的熱機関との比較で，カルノー・エンジンは最大の効率を持つことになる．等号は，S がカルノー・エンジンである場合のみである．この議論は，カルノー・エンジンの中身 (媒質として，何を用いるかなど) によらないものなので，最大効率は，熱機関の詳細に依存しないことになる．したがって，最大効率は高温熱源の温度 $T_{\rm H}$ と低温熱源の温度 $T_{\rm L}$ だけで決まると考えてよい．■

[*19]　ここでいう効率は，カルノー・エンジンを通常のエンジンとして稼働させた場合のものを指す．

上の議論で，S が非可逆過程を含む熱機関であるとすれば，

$$\frac{\Delta Q_{\mathrm{SL}}}{\Delta Q_{\mathrm{SH}}} = 1 - \eta_{\mathrm{S}} > 1 - \eta_{\mathrm{C}} = \frac{\Delta Q_{\mathrm{CL}}}{\Delta Q_{\mathrm{CH}}} = \frac{T_{\mathrm{L}}}{T_{\mathrm{H}}} \tag{1.30}$$

が成り立つ．ここで，カルノー・エンジンは理想気体を媒質とするものとし，式 (1.19) を用いた．この不等式は

$$\frac{\Delta Q_{\mathrm{SL}}}{T_{\mathrm{L}}} > \frac{\Delta Q_{\mathrm{SH}}}{T_{\mathrm{H}}} \tag{1.31}$$

のように書き直すことができる．この不等式は，非可逆サイクルの場合，低温側に放出されるエントロピーは，高温側から系に注ぎ込まれるエントロピーより大きいことを意味しているので，熱力学第 2 法則は，「**非可逆過程に際しては，エントロピーが増大する**」というように表現することもできる．現代では，この表現が一般的である．数学的には，エントロピーを S で表して

$$\mathrm{d}S \geq \frac{\delta Q}{T} \tag{1.32}$$

のように表現される．等号は可逆過程の場合である．熱量は状態変数ではなく，変化の道筋に依存して変わるものなので，微小変化を δQ のように表記している．S が状態変数かどうか，この時点ではわかりにくいかもしれないが，状態を記述する独立変数の 1 つと考えて矛盾しないことが以下のように示される．

例題1.6-2 エントロピーが状態変数の 1 つであることを示せ．

[解答]　平衡状態近傍の微小な変化は，平衡状態が安定である限り，可逆的であると考えられる [*20]．したがって，平衡状態の微小変化については $\delta Q = T\mathrm{d}S$ としてよく，熱力学の第 1 法則 (エネルギー保存則 [*21])

$$\delta Q = \mathrm{d}U + P\mathrm{d}V \tag{1.33}$$

を次のように書くことができる．

$$\mathrm{d}U = T\mathrm{d}S - P\mathrm{d}V. \tag{1.34}$$

---

*20)　平衡状態は安定であるからこそ平衡が保たれるのであり，微小な変化が可逆的であることと安定であることはほぼ同じことを意味する．

*21)　系に加えられる熱量は，内部エネルギー U の増分と，系が外部に対してなす仕事の和に等しいという法則．

この式を数学的に解釈すれば，U は S と V の関数であって，

$$\left(\frac{\partial U}{\partial S}\right)_V = T, \tag{1.35}$$

$$\left(\frac{\partial U}{\partial V}\right)_S = -P, \tag{1.36}$$

が成り立つことになる[*22)]．両式の左辺は一般に S と V の関数とみなせるので，これらを S と V についての方程式と考えれば，原理的には S, V を T, P の関数として表しうることが理解される．T, P, V などは明らかに，状態を記述する状態変数と考えられるので，エントロピー S も状態変数と考えることには矛盾がない． ■

▶熱力学第 2 法則のいろいろな定式化

熱力学第 2 法則は，現在ではエントロピー増大の法則と表現されることが多いが，歴史的には，クラウジウスの原理をはじめとしていろいろな定式化がなされてきた．ここで，そのいくつかを紹介しておこう．

(1) 一定の温度の物質から正の熱を奪ってこれをすべて外部に対する正の仕事に変換することはできない．［**トムソンの原理**］[*23)]

(2) 1 つの熱源から熱を吸収して仕事をする以外に何の変化も起こさないような周期的な機関 (**第 2 種永久機関**) は存在しない[*24)]．［**オストワルドの原理**］[*25)]

(3) 熱的に一様な任意の平衡状態の，任意の近傍にその平衡状態から準静的断熱過程によって到達できない別の状態が必ず存在する．［**カラテオドリの原理**］[*26)]

(4) 循環過程において，高温の系から熱エネルギーを取り出し，その一部を低温の系に与えることなく，すべて力学的エネルギーに変換することは不可能である．

---

*22) 偏微分については，付録 A.1 参照のこと．

*23) ケルビン卿，トムソン (William Thomson) にちなむ．

*24) 途中で変化があっても，最終的にもとの状態に戻っている場合も，「何の変化も起こさない」と解釈する．

*25) ドイツ人化学者，オストワルド (Friedrich Wilhelm Ostwald, 1853–1932) にちなむ．

*26) ギリシャの数学者，カラテオドリ (Constantin Carathéodory, 1873–1950) にちなむ．

(5) 系が熱平衡に向かう自発的な変化の過程を逆転させるためには，力学的エネルギー (仕事) を外から加える必要があるが，その際，加えた力学的エネルギーの一部は，必ず熱に変換されてしまう．

これらの中には，異なることを表しているように見える表現もあるが，本質的にはいずれも等価である．例えば，クラウジウスの原理は，高温側から低温側への熱の流れは自然に起こるが，逆方向への流れは自然には起こらないということをいっていると考えれば，高温側から低温側への熱の流れは不可逆過程であるといっているのと同じである．トムソンの原理についても，物体の運動を摩擦によって停止させる際，運動エネルギーはすべて摩擦熱に変換される過程を考えれば，そのような過程は不可逆過程であり，逆に熱をすべて仕事に変換することはできないということを意味していると考えてよいだろう．熱をすべて仕事に変換できる機関が第 2 種永久機関だと思えば，オストワルドの原理とトムソンの原理が同等であることも理解できよう．ちなみに**第 1 種永久機関**とは，外部からエネルギーを一切供給されなくても仕事を取り出すことのできる機関であり，これは熱力学の第 1 法則 (エネルギー保存則) に反するので，存在しないものである．

また，本節では，クラウジウスの原理に基づいて，可逆過程 (準静的過程) では，$\mathrm{d}S = \delta Q/T$ が成り立つことを説明した．また断熱過程では $\Delta Q = 0$ なので，準静的断熱過程の場合 $\mathrm{d}S = 0$ と考えてよい [*27]．したがって，準静的断熱過程で移りうる状態は $S(V, T, \ldots) =$ 一定のものだけである．独立な状態量が k 個あるとすれば，この条件は，k 次元空間で 1 つの曲面を定義する．S が異なる一定値をとる点は，この曲面の任意の近傍にいくらでも存在する．したがって，カラテオドリの原理が成り立つ．逆に，カラテオドリの原理を仮定すれば，準静的断熱変化については $\mathrm{d}S = 0$ でなければならないことが示され，逆にたどって，クラウジウスの原理に到達する．

クラウジウスの原理とトムソンの原理の等価性も次のように示される．クラウジウスの原理が成り立たないとすれば，低温の系から高温の系へ正の熱 Q_1 が移動し，そのほかに何の変化も起こさないということが可能である．この過

[*27] しばしば，断熱過程 (adiabatic process) が等エントロピー過程 (isentropic process) と呼ばれるのはこのためである．

程の後，カルノー・サイクルを用いて，高温系から熱量 $Q_1 + Q_2$ $(Q_2 > 0)$ を取り出し，Q_1 を低温系に与え，Q_2 に当たる仕事をさせる．この結果，熱量 Q_2 を仕事に変換する以外，何の変化も起こさない過程が実現したことになり，トムソンの原理に反することになる．この議論で，トムソンの原理が成り立てば，クラウジウスの原理も成り立つことを証明したことになる．

逆に，トムソンの原理が成り立たないとすれば，高温の熱源から熱量 Q_2 を取り出してそのすべてを仕事に変換し，そのほかに何の変化も起こさせない可逆過程が可能である．この仕事をカルノー・サイクルで利用し，低温系から熱量 Q_1 (> 0) を取り出し，高温系に熱量 $Q_1 + Q_2$ を与えることも可能になる．全体を眺めれば，低温の熱源から熱量 Q_1 を取り出して，高温の熱源に移動し，それ以外に何の変化も起こさない過程が実現したことになる．これは，クラウジウスの原理に反する．

このように，異なる表現の等価性を示すことは可能である．

1.7　いろいろな熱機関のモデル

熱機関は，いくつかの過程からなる周期的変化によって，熱エネルギーを力学的エネルギーに変換する装置であり，その周期的変化の 1 周期分がサイクルと呼ばれる．カルノー・サイクルでは，2 つの断熱過程と 2 つの定温過程によってサイクルが構成されている (図 1.9 参照)．カルノー・サイクルを原理とする熱機関 (エンジン) はカルノー・エンジンと呼ばれる．そのほかのサイクルをいくつか以下で紹介しておこう．

▶マイヤー・サイクル

ドイツ人の物理学者マイヤー (Julius Robert von Mayer, 1814–1878) が考えたマイヤー・サイクルは図 1.12 に示されているように，1 サイクルは定積加熱，自由断熱膨張，定圧圧縮の 3 過程からなる．加熱は燃料の燃焼によって行われ，自由断熱膨張で体積が増すが，外壁の抵抗なしに膨張するので仕事はせず，また，断熱過程なので熱の吸収もない．定圧圧縮は外界から仕事を受けて，もとの状態に戻る過程である．

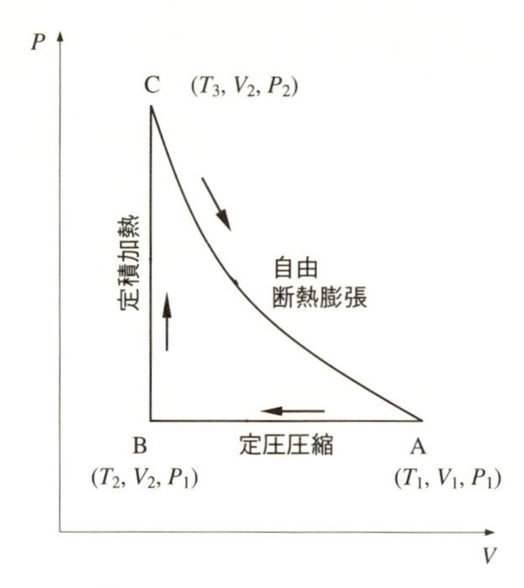

図 1.12 マイヤー・サイクル
定積加熱，自由断熱膨張，定圧圧縮の 3 過程で 1 つのサイクルが構成される．

マイヤー・サイクルが理想気体を媒質として働く場合を考えてみよう．図 1.12 の点 A における温度，体積，圧力を T_1, V_1, P_1 とする．点 B では T_2, V_2, P_1，点 C では T_3, V_2, P_2 であるとする．簡単のため，定積熱容量 C_V，定圧熱容量 C_P はそれぞれ定数であるとする [*28]．B→C の定積加熱で，系が吸収する熱量は

$$Q_{\mathrm{B}\to\mathrm{C}} = C_V(T_3 - T_2) \tag{1.37}$$

で与えられる．この過程では体積変化がないため，外部との間で仕事のやり取りはないことに注意する．C から A への自由断熱膨張では，エネルギーの出入りはないので，点 C と点 A の内部エネルギーは等しい [*29]．2.2 節で示されるように，理想気体では，内部エネルギーは温度だけで決まり，体積には依存しないので，$T_3 = T_1$ であるとしてよい．また，点 A から点 B への定圧圧縮過程では，外界から

$$W_{\mathrm{A}\to\mathrm{B}} = P_1(V_1 - V_2) \tag{1.38}$$

だけの仕事を受け，定圧下の体積減少に伴って温度が T_1 から T_2 に下がったと考えれば，

[*28] 後で見るように，理想気体では正しい．
[*29] 自由断熱膨張は，準静的過程ではないので，$\delta W = -P\mathrm{d}V$ の式が使えないことに注意する．

$$Q_{\mathrm{A}\to\mathrm{B}} = C_P(T_1 - T_2) \tag{1.39}$$

だけの熱量を外部に放出すると考えられる．したがって，エネルギー収支バランスを考えれば，

$$C_P(T_1 - T_2) = C_V(T_1 - T_2) + P_1(V_1 - V_2) \tag{1.40}$$

が成り立つ．これに理想気体の状態方程式から得られる関係式 $P_1V_1 = nRT_1$, $P_1V_2 = nRT_2$ (n は気体の物質量 (モル数)) を代入すれば，マイヤーの関係式 (1.24) が導かれる．このサイクルは，理想気体に対するマイヤーの関係式を証明するための仮想的なモデルであるが，自由断熱膨張のところを，外壁に抗して膨張する断熱膨張に置き換えれば，そこで外部へ仕事を取り出すことができるので，通常の熱機関のモデルにもなりうる [*30]．断熱膨張過程に対し，例題 1.5-2 で示したポアッソンの関係式 ($PV^\gamma =$ 一定，$\gamma = C_P/C_V$) を用いれば，この熱機関の効率も評価できる．

例題1.7-1 理想気体を媒質とするマイヤー・サイクル (自由断熱膨張を断熱膨張に置き換えたもの) の効率を計算せよ．

[解答]　断熱膨張では，熱を吸収することなく外部に仕事を与えるので，内部エネルギーは変化し，したがって，$T_3 \neq T_1$ であることに注意する．外部に対する仕事は，C→A の過程でなされるので，それを $W_{\mathrm{C}\to\mathrm{A}}$ と書くことにすれば，断熱過程で成り立つポアッソンの関係式を利用して，次のように計算される．

$$\begin{aligned} W_{\mathrm{C}\to\mathrm{A}} &= \int_{V_2}^{V_1} P\mathrm{d}V \\ &= P_1V_1^\gamma \int_{V_2}^{V_1} V^{-\gamma}\mathrm{d}V \\ &= \frac{P_1V_1^\gamma}{1-\gamma}(V_1^{1-\gamma} - V_2^{1-\gamma}) \end{aligned}$$

---

*30) マイヤー・サイクルの自由断熱膨張を単なる断熱膨張に置き換えたものは，ルノアール・サイクルと呼ばれ，パルス・ジェット・エンジンの理想化されたモデルとしても利用されている．1860 年にフランスの技術者ルノアール (Jean-Joseph Étienne Lenoir, 1822–1900) によって特許申請されたエンジンの動作原理になっている．このエンジンは，商業用に生産された内燃機関として最初のものである．本書では便宜上，マイヤー・サイクルの呼称を用いる．

$$
\begin{aligned}
&= \frac{P_1V_1 - P_2V_2}{1-\gamma} \\
&= nR\frac{T_3 - T_1}{\gamma - 1}. \qquad (1.41)
\end{aligned}
$$

途中，$P_1V_1^\gamma = P_2V_2^\gamma$ であることを用いた．温度は理想気体の状態方程式を利用することで導入されている．系に加えられる熱量は，$Q_{\mathrm{B}\to\mathrm{C}}$ であり，外部に対してなされる正味の仕事量は $W_{\mathrm{C}\to\mathrm{A}}$ から $W_{\mathrm{A}\to\mathrm{B}}$ を引いたものなので，状態方程式を用いて後者が

$$
W_{\mathrm{A}\to\mathrm{B}} = nR(T_1 - T_2) \qquad (1.42)
$$

のように書き換えられることに注意すれば，効率 η は以下のように計算される．

$$
\begin{aligned}
\eta &= \frac{W_{\mathrm{C}\to\mathrm{A}} - W_{\mathrm{A}\to\mathrm{B}}}{Q_{\mathrm{B}\to\mathrm{C}}} \\
&= \frac{nR(T_3 - T_1) - nR(T_1 - T_2)(\gamma - 1)}{(\gamma - 1)C_V(T_3 - T_2)} \\
&= \frac{T_3 - T_1 - (T_1 - T_2)(\gamma - 1)}{T_3 - T_2} \\
&= 1 - \gamma\frac{T_1 - T_2}{T_3 - T_2}. \qquad (1.43)
\end{aligned}
$$

途中，$nR = C_P - C_V$ であることを用いた．■

▶ディーゼル・サイクル

ドイツ人技術者のディーゼル (Rudolf Christian Karl Diesel, 1858–1913) が発明し，現在も自動車などに使われているディーゼル・エンジンの原理となっているのが，ディーゼル・サイクルで，サイクルの構成は図 1.13 に示されている．ディーゼル・エンジンでは，ピストン・シリンダー中に，燃料と空気の混合気体を導入し，断熱圧縮して温度を上げ，自然発火させる．自然発火なので，その後の膨張は定圧で起こると考えられる．熱を吸収し終わった後は，断熱膨張させ，その後排気弁を開いて，定積減圧を行う．排気の終わったピストン・シリンダーに再び混合気体を導入して，サイクルを繰り返す．

例題1.7-2 ディーゼル・サイクルが理想気体を媒質として動いている場合の効率を計算せよ．

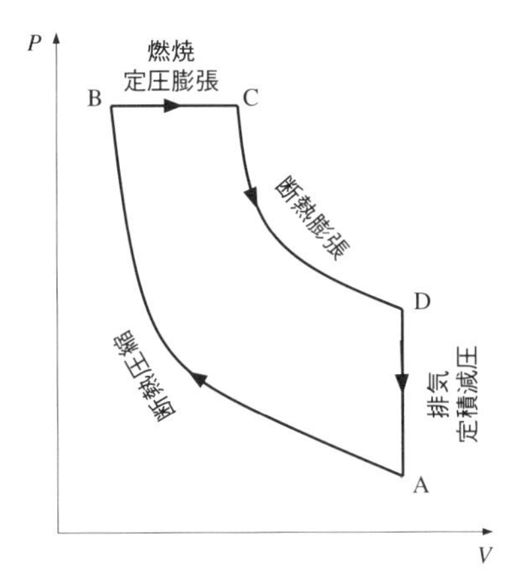

図 1.13 ディーゼル・サイクル
燃焼加熱による定圧膨張，断熱膨張，排気による定積減圧，断熱圧縮の 4 過程で 1 サイクルが構成される．

[解答] 点 A, B, C, D における温度，体積，圧力をそれぞれ (T_1, V_1, P_1), (T_2, V_2, P_2), (T_3, V_3, P_3), (T_4, V_4, P_4) で表す．自明な関係 $V_4 = V_1$，および $P_3 = P_2$ は必要に応じて適宜用いる．まず，1 サイクルの間に，系が外界になす仕事 W は，次のように計算される．

$$\begin{aligned}
W &= \int_{V_1}^{V_2} P\mathrm{d}V + P_2(V_3 - V_2) + \int_{V_3}^{V_4} P\mathrm{d}V \\
&= P_1 V_1^{\gamma} \int_{V_1}^{V_2} V^{-\gamma}\mathrm{d}V + P_2(V_3 - V_2) + P_2 V_3^{\gamma} \int_{V_3}^{V_4} V^{-\gamma}\mathrm{d}V \\
&= P_1 V_1^{\gamma} \frac{V_2^{1-\gamma} - V_1^{1-\gamma}}{1-\gamma} + P_3 V_3^{\gamma} \frac{V_4^{1-\gamma} - V_3^{1-\gamma}}{1-\gamma} + P_2(V_3 - V_2) \\
&= \frac{P_2V_2 - P_1V_1 + P_4V_4 - P_3V_3}{1-\gamma} + nR(T_3 - T_2) \\
&= nR\frac{C_V}{C_V - C_P}(T_2 - T_1 + T_4 - T_3) + nR(T_3 - T_2). \qquad (1.44)
\end{aligned}$$

途中，断熱過程ではポアッソンの関係式 $PV^{\gamma} =$ 一定 ($\gamma = C_P/C_V$，C_P および C_V は，それぞれ，定圧熱容量および定積熱容量である) が成り立つこと，したがって，$P_1V_1^{\gamma} = P_2V_2^{\gamma}$, $P_3V_3^{\gamma} = P_4V_4^{\gamma}$ が成り立つこと，および理想気体の状態方程式 $PV = nRT$ を適宜用いた．さらに，マイヤーの関係式 $C_P - C_V = nR$ を用いれば，W の表式は次のように簡単化される．

$$W = C_V(T_1 - T_2 + T_3 - T_4) + (C_P - C_V)(T_3 - T_2)$$
$$= C_V[T_1 - T_4 + \gamma(T_3 - T_2)]. \qquad (1.45)$$

吸熱は B→C の過程だけで起こり，吸熱量 Q は

$$Q = C_P(T_3 - T_2) \qquad (1.46)$$

となる．したがって，効率は

$$\eta = \frac{W}{Q} = 1 - \frac{1}{\gamma}\frac{T_4 - T_1}{T_3 - T_2} \qquad (1.47)$$

で与えられる． ■

▶オットー・サイクル

自動車の動力源として，最も一般的に用いられているガソリン・エンジンの動作原理となっているのが，オットー・サイクル (図 1.14) である．ドイツ人技術者のオットー (Nikolaus August Otto, 1832–1891) は，ピストンシリンダー内に直接燃料を送り込み爆発させる 4 ストローク・エンジンをはじめて実用化することに成功したことで知られ，オットー・サイクルにその名を残している．

ガソリン・エンジンの場合，燃料と空気の混合気体をピストン・シリンダー

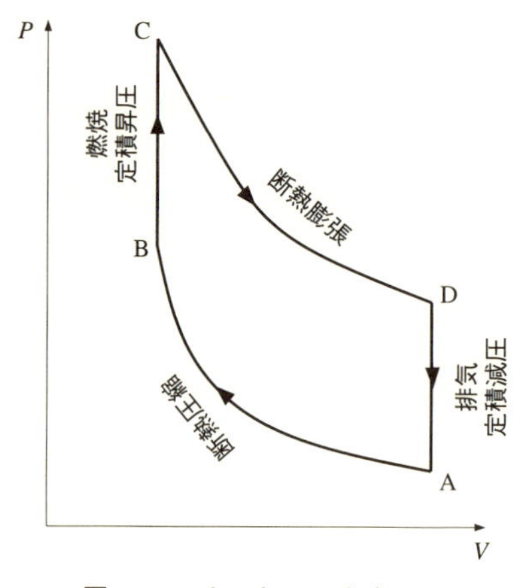

図 1.14　オットー・サイクル
燃焼加熱による定積昇圧，断熱膨張，排気による定積減圧，断熱圧縮の 4 過程で 1 サイクルが構成される．

内に導入する点はディーゼル・エンジンと同じであるが，発火のさせ方が異なり，自然発火ではなく，電気火花によって発火させる．このため燃焼は爆発的に起こり，吸熱過程は定積昇圧過程となる．サイクルのほかの部分についてはディーゼル・エンジンと大差ない．

例題1.7-3 媒質が理想気体であるとして，オットー・サイクルの効率を求めよ．

[解答] 各点の温度，体積，圧力の表記は上と同じにする．今回の場合，自明な関係は $V_4 = V_1$, $V_3 = V_2$ である．1 サイクルの間に，系が外部になす仕事 W は次のように求められる．

$$
\begin{aligned}
W &= \int_{V_1}^{V_2} P\mathrm{d}V + \int_{V_3}^{V_4} P\mathrm{d}V \\
&= P_1V_1^{\gamma}\int_{V_1}^{V_2} V^{-\gamma}\mathrm{d}V + P_3V_3^{\gamma}\int_{V_3}^{V_4} V^{-\gamma}\mathrm{d}V \\
&= \frac{P_1V_1^{\gamma}}{1-\gamma}(V_2^{1-\gamma} - V_1^{1-\gamma}) + \frac{P_3V_3^{\gamma}}{1-\gamma}(V_4^{1-\gamma} - V_3^{1-\gamma}) \\
&= \frac{1}{1-\gamma}(P_2V_2 - P_1V_1 + P_4V_4 - P_3V_3) \\
&= \frac{nR}{1-C_P/C_V}(T_2 - T_1 + T_4 - T_3) \\
&= C_V(T_1 - T_2 + T_3 - T_4).
\end{aligned}
\tag{1.48}
$$

ここで，断熱過程におけるポアッソンの関係式，定圧熱容量と定積熱容量の差に関するマイヤーの関係式，および理想気体の状態方程式を適宜，利用した．吸熱過程は，B→C の定積昇圧過程だけなので，吸熱量 Q は

$$
Q = C_V(T_3 - T_2) \tag{1.49}
$$

で与えられる．この結果，効率は

$$
\eta = 1 - \frac{T_4 - T_1}{T_3 - T_2} \tag{1.50}
$$

となる． ■

○熱機関の効率と環境問題

ディーゼル・サイクルとオットー・サイクルの効率，式 (1.47) と (1.50) を比較すると，燃焼による温度の上昇分と排気による温度の下降分が同程度であると仮定すれば，ディーゼル・サイクルの方がより高効率であるということになる．しかし，この仮定は必ずしも成り立っていないし，2 つのエンジンでは用いられる燃料の種類が異なるため，一定量の燃料から得られる熱量には差があって，効率の比較は単純ではない．ディーゼル・エンジンに用いられる燃料は，ガソリンよりも精製度の低い軽油や重油であり，ガソリンの場合に比べ NO_x など有害廃棄物はより多く排出される．発熱の主原因は炭化水素の燃焼にあり，熱効率がよければ，地球温暖化の原因とされる二酸化炭素の排出量を低く抑えることができるので，効率のよいエンジンを開発することは大変重要である．現在では，エンジンの出力の一部や，制動時の仕事を電気エネルギーに変換して蓄電池に蓄え，電気モーターも駆動力に利用するハイブリッド・エンジンも広く用いられるようになっている．

1.8　熱力学基本法則のまとめ

ここで，熱力学基本法則をまとめておこう．

● **熱力学第 0 法則**

系 A と系 B が熱平衡にあり，系 B と系 C が熱平衡にあるならば，系 A と系 C も熱平衡にある．

● **熱力学第 1 法則**

熱力学的な系が，何らかの原因で状態 1 から状態 2 に変化し，各状態の力学的エネルギー (構成要素の運動エネルギー，ポテンシャルエネルギー，相互作用エネルギーの総和) が U_1 から U_2 に変わったとする．この変化を起こさせるために，外部から仕事 W，熱量 Q，物質の出入りに伴う作用 Z が注入されたとすれば，

$$U_2 - U_1 = W + Q + Z \tag{1.51}$$

が成り立つ (エネルギー保存則)．

● **熱力学第 2 法則**

高温の系と低温の系を熱的に接触させた場合，自然な熱の流れは高温側

から低温側へ向かう．その逆は自然には起こらない．また，自発的な熱力学的変化においては，エントロピーは減少することはない (エントロピー増大の法則)．

- **熱力学第 3 法則**

  系が絶対零度に向かうとき，系のエントロピーは 0 に近づく．あるいは，絶対零度におけるエントロピーは熱力学的な意味で 0 である．このことは，絶対零度では，熱的なゆらぎがすべて死滅するということを意味している．熱的ゆらぎが存在しないということは，系の構成要素がばらばらに振る舞うことなく，整然と相関を保つことを意味する．なぜ，そのようなことが起こるかというと，構成要素間に相互作用が存在するからであり，そのため，絶対零度では系のエネルギーを最小にするような配置が平衡状態として実現する．逆に，絶対零度とは，そのような状態が実現する温度であるといってもよい．

熱力学の法則は，基本的に経験則であり，上の 4 つの法則はいずれも我々の経験と矛盾しない．

2 熱力学と統計力学
——エントロピーが意味するもの

前章では，歴史的な視点も含めて熱力学の基礎的な概念を説明した．熱が，物質を構成する原子や分子のランダムな運動を反映したものであるとすれば，構成要素の運動を見るというミクロな観点から，熱力学に登場する物理量を説明することも可能なはずである．そのような立場から，物質の状態を考察する学問分野は，統計力学と呼ばれる．本章では，統計力学的な観点から，エントロピーや圧力などの熱力学変数の意味を考えてみよう．

2.1　気体分子運動論——マクスウェル分布

気体分子運動論は，個々の原子や分子の運動を力学的に追いかけるわけではないが，多数の気体分子の集合体である気体中の分子のエネルギーや運動量の分布を考えるので，平均的なエネルギーなどを扱う熱力学に比べれば，少しミクロな視点を取り入れた学問分野と考えることができる．

19 世紀に活躍したイギリス (スコットランド) の理論物理学者マクスウェル (James Clerk Maxwell, 1831–1879) は，電磁気学のマクスウェル方程式を導き，電磁気学を完成させたことで有名であるが，熱学の分野でもいろいろな貢献をしている．その 1 つが，気体分子の速度分布に関するものである．マクスウェルは，個々の気体分子の速度 $\boldsymbol{v} = (v_x, v_y, v_z)$ の熱平衡における分布について，次のような仮定を導入した．

(1) v_x, v_y, v_z の分布はそれぞれ独立である (ほかの変数の分布に影響されない).

(2) 分布は速度の方向によらない.

図 2.1　ジェームズ・マクスウェル
1831 年スコットランドのエジンバラに生まれ，1879 年ケンブリッジで癌のため死去．電磁気学のマクスウェル方程式を確立した (1864 年) ことで有名であるが，熱力学や統計力学，気体分子運動論の分野でも大きな功績を残した．「マクスウェルの悪魔」(Maxwell's demon) にも名を残す．

速度成分が，$v_x \sim v_x + \mathrm{d}v_x$, $v_y \sim v_y + \mathrm{d}v_y$ かつ $v_z \sim v_z + \mathrm{d}v_z$ の範囲 *1) にある気体分子の数を $f(v_x, v_y, v_z)\mathrm{d}v_x\mathrm{d}v_y\mathrm{d}v_z$ と書くことにしよう．$\mathrm{d}v_x\mathrm{d}v_y\mathrm{d}v_z$ は，速度空間 (速度の 3 成分を主軸とする空間) 内の微小体積要素を表し，いま考えている速度範囲の領域の広さを意味する．この領域を十分小さく取るとき，領域内の分子数が，領域の広さに比例すると考えるのは，きわめて自然である．f は分布関数と呼ばれる．上記の仮定 (1), (2) により，f は適当な 1 変数関数 φ を用いて

$$f(v_x, v_y, v_z) = \varphi(v_x)\varphi(v_y)\varphi(v_z) \tag{2.1}$$

のように表すことができる．仮定 (2) に注意すれば，左辺の 3 変数関数 f は，速度の大きさ $v = \sqrt{v_x^2 + v_y^2 + v_z^2}$ のみで表されることがわかる．そこで，左辺を簡単のため，$f(v)$ と書くことにしよう．v を v_x で偏微分 (付録 A 参照) したものが v_x/v に等しいことなどを用いて，式 (2.1) の両辺を対数を取ってから v_x で偏微分すると *2)，

$$\frac{1}{v}\frac{\mathrm{d}\ln f(v)}{\mathrm{d}v} = \frac{1}{v_x}\frac{\mathrm{d}\ln\varphi(v_x)}{\mathrm{d}v_x} \tag{2.2}$$

が得られる．偏微分を実行したのであるが，それぞれが 1 変数関数なので，微分は常微分になっている．v の中には v_x が含まれているが，v_x, v_y, v_z は互いに独立な変数であるので，式 (2.2) に現れる v と v_x は独立な変数とみなすこと

---

*1)　以下では，この範囲を簡略化して $\boldsymbol{v} \sim \boldsymbol{v} + \mathrm{d}\boldsymbol{v}$ のように表記するが，ベクトルの各成分の範囲を表していることに注意せよ．

*2)　v_y あるいは v_z で偏微分しても以下の議論は同様である．

ができる．左辺は v のみの関数，右辺は v_x のみの関数で，両者が等しいということは，ともに定数でなければならないことを意味する．そこで，その定数を，後の便宜を考えて -2α とおくと，

$$\frac{\mathrm{d}\ln\varphi(v_x)}{\mathrm{d}v_x} = -2\alpha v_x \tag{2.3}$$

となり，この微分方程式を解いて

$$\varphi(v_x) = A^{1/3}\exp(-\alpha v_x^2) \tag{2.4}$$

が得られる．$A^{1/3}$ は積分定数である．したがって，分布関数 f は

$$f(v) = A\exp[-\alpha(v_x^2 + v_y^2 + v_z^2)] = A\mathrm{e}^{-\alpha v^2} \tag{2.5}$$

となることが示される *3)．この速度分布関数は，マクスウェル分布と呼ばれる．係数 A は規格化条件

$$\int_{-\infty}^{\infty}\int_{-\infty}^{\infty}\int_{-\infty}^{\infty} f(v)\mathrm{d}v_x\mathrm{d}v_y\mathrm{d}v_z = N \tag{2.6}$$

から定められる．N は気体分子の総数である．実際に，積分は単純なガウス積分 (付録 A. 2) なので，A は α を用いて，次のように表される．

$$A = N\left(\frac{\alpha}{\pi}\right)^{3/2}. \tag{2.7}$$

ここで扱われている気体は，構成要素である分子がほぼ独立に勝手な方向に運動している場合に相当するものなので，希薄気体，すなわち理想気体に対応していると考え，上で導入した定数 α の意味を考えてみよう．

気体の圧力は，ランダムに運動する気体分子が容器の壁に衝突することによって発生する．そこで，図 2.2 に示されているように，x 軸に垂直な壁の面積 S の部分に速度 $\boldsymbol{v} \sim \boldsymbol{v} + \mathrm{d}\boldsymbol{v}$ の範囲にある気体分子 (質量は m とする) が衝突して跳ね返される状況を考える．壁は平坦で反射も弾性的であるとすれば，衝突前の速度 $\boldsymbol{v} = (v_x, v_y, v_z)$ に対し，衝突後の速度は $\boldsymbol{v}' = (-v_x, v_y, v_z)$ となる．したがって，1 つの分子が跳ね返されることによって壁に及ぼす力積は $2mv_x$

---

*3) ここでは，マクスウェルによる導出[2] にならって導いたが，速度成分をランダムな変数と考え，多数の分子の集合体に対して，統計学における中心極限定理を当てはめることによっても同じ結果を導くことが可能である[4]．

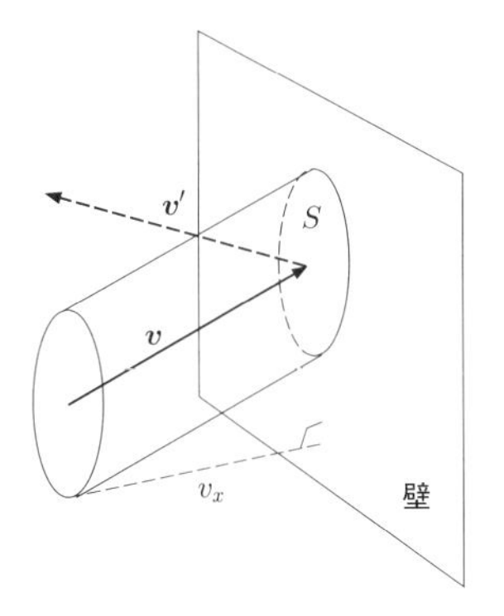

図 **2.2** 気体分子が容器の壁に衝突することで圧力が発生する

となる．また，この速度範囲の分子で，単位時間当たり面積 S の部分にぶつかる分子数は，系の全体積を V として，$(v_x S/V)f(v)\mathrm{d}v_x\mathrm{d}v_y\mathrm{d}v_z$ で与えられる．$v_x S$ は図 2.2 の傾いた筒の体積であり，因子 $1/V$ は，$f(v)$ の規格化を，全体積に対して式 (2.6) のように決めたために必要となる．この結果，単位時間当たりに，これらの分子から S が受ける力積は，$2mv_x$ にこの分子数をかけたものになり，圧力はこれを S で割った，単位面積当たりの力 (=単位時間当たりの力積) となる．実際には，いろいろな速度を持った分子が存在するので，壁が受ける圧力は，これを速度の成分について積分したもので与えられる．ただし，$v_x < 0$ のものは，この壁には当たらないので，v_x の積分範囲は $v_x > 0$ でなければならない．これらをまとめれば，気体の圧力 P は次のように計算される．

$$
\begin{aligned}
P &= \frac{A}{V}\int_0^{\infty}\mathrm{d}v_x\int_{-\infty}^{\infty}\mathrm{d}v_y\int_{-\infty}^{\infty}\mathrm{d}v_z 2mv_x^2\mathrm{e}^{-\alpha v^2} \\
&= \frac{mA}{V}\int_{-\infty}^{\infty}\mathrm{d}v_x\int_{-\infty}^{\infty}\mathrm{d}v_y\int_{-\infty}^{\infty}\mathrm{d}v_z v_x^2\mathrm{e}^{-\alpha v^2} \\
&= \frac{4\pi}{3}\frac{mA}{V}\int_0^{\infty} v^4\mathrm{e}^{-\alpha v^2}\mathrm{d}v \\
&= \frac{mA}{2\alpha V}\left(\frac{\pi}{\alpha}\right)^{3/2}.
\end{aligned}
\tag{2.8}
$$

2 段目の変形では，非積分関数が v_x の偶関数であることを用いた．3 段目は，非積分関数に現れる因子 v_x^2 を v_y^2 あるいは v_z^2 で置き換えても積分結果は同じである (したがって，3 つの場合を足して 3 で割っても同じ) ことを用い，速度空間における積分を，速度空間の極座標積分に置き換えることによって，得られる．4π は，速度の方向に関する積分から得られる．最後の結果は，部分積分とガウス積分を用いて導かれる．式 (2.7) と (2.8) を組み合わせれば，

$$P = \frac{mN}{2\alpha V} \tag{2.9}$$

が得られ，理想気体の状態方程式を用いれば，

$$\alpha = \frac{mN}{2nRT} = \frac{m}{2k_{\mathrm{B}}T} \tag{2.10}$$

が導かれる．ここで，$n = N/N_{\mathrm{A}}$, $R = k_{\mathrm{B}}N_{\mathrm{A}}$ を用いた．したがって，マクスウェル分布は

$$f(v) = N\left(\frac{m}{2\pi k_{\mathrm{B}}T}\right)^{3/2} \exp\left(-\frac{mv^2}{2k_{\mathrm{B}}T}\right) \tag{2.11}$$

となる．

2.2 理想気体の熱容量

マクスウェル分布を用いて，単原子分子からなる理想気体の熱容量を計算することができる．単原子分子の場合は，分子の回転や分子内振動の寄与を考慮する必要がないので，運動エネルギーの総和が内部エネルギーになると考えてよい．速度が $\boldsymbol{v} \sim \boldsymbol{v} + \mathrm{d}\boldsymbol{v}$ の領域にある気体分子の運動エネルギーは，$\mathrm{d}v_x, \mathrm{d}v_y, \mathrm{d}v_z$ がいずれも小さい [*4] として，ほぼ $mv^2/2$ に等しい．また，この領域にある分子の数は $f(v)\mathrm{d}v_x\mathrm{d}v_y\mathrm{d}v_z$ で与えられる．したがって，内部エネルギー U はあらゆる速度領域の寄与を集めて，

$$\begin{aligned}
U &= \int\!\!\int\!\!\int \frac{mv^2}{2} f(v)\mathrm{d}v_x\mathrm{d}v_y\mathrm{d}v_z \\
&= N\left(\frac{m}{2\pi k_{\mathrm{B}}T}\right)^{3/2} \int\!\!\int\!\!\int \frac{mv^2}{2} \exp\left(-\frac{mv^2}{2k_{\mathrm{B}}T}\right)\mathrm{d}v_x\mathrm{d}v_y\mathrm{d}v_z \\
&= N\left(\frac{m}{2\pi k_{\mathrm{B}}T}\right)^{3/2} 4\pi \int_0^\infty \frac{mv^4}{2} \exp\left(-\frac{mv^2}{2k_{\mathrm{B}}T}\right)\mathrm{d}v
\end{aligned}$$

[*4] 例えば $\mathrm{d}v_x$ が小さいというのは，分布から得られる v の平均値に比べて小さいと思えばよい．マクスウェル分布による v の平均値は式 (2.12) からもわかるように $\sqrt{k_{\mathrm{B}}T/m}$ 程度と考えてよい．

$$
\begin{aligned}
&= N\left(\frac{m}{2\pi k_{\mathrm{B}}T}\right)^{3/2} 2m\pi \int_0^\infty \left(\frac{2k_{\mathrm{B}}T}{m}\right)^{5/2} x^4 \mathrm{e}^{-x^2}\mathrm{d}x \\
&= \frac{4N}{\sqrt{\pi}} k_{\mathrm{B}}T \times \frac{3\sqrt{\pi}}{8} \\
&= N\frac{3}{2}k_{\mathrm{B}}T
\end{aligned}
\tag{2.12}
$$

のように計算される．4段目に移る際，$x = \sqrt{m/2k_{\mathrm{B}}T}v$ を導入して積分変数を無次元化した [*5]．この結果は，x 方向，y 方向，z 方向の運動エネルギーが，1分子当たり，それぞれ $\frac{1}{2}k_{\mathrm{B}}T$ の寄与をすることを意味している．これは**エネルギーの等分配則**と呼ばれる．定積熱容量 C_V は，体積一定の条件下で，吸収される熱量と温度の上昇分の比を取ることで得られるので，内部エネルギーを体積一定のもと，温度で微分すればよい．すなわち，

$$C_V = N\frac{3}{2}k_{\mathrm{B}} \tag{2.13}$$

となる．1分子当たりの**比熱** (specific heat) に直せば，$\frac{3}{2}k_{\mathrm{B}}$ となる．N は次元を持たない変数なので，ボルツマン定数は熱容量と同じ次元を持つこと，また，その次元はエントロピーの次元とも共通であることがわかる [*6]．

上で求めた内部エネルギーの表式は，U が物質量 (N) を固定する条件のもとでは，温度 T だけの関数である，すなわち体積に依存しないことを示している．理想気体の内部エネルギーが温度一定の場合に体積に依存しないことは，熱力学の第1法則 (1.34) からも導くことができる．実際，式 (1.34) を次のように変形することができる．

$$\mathrm{d}S = \frac{1}{T}\mathrm{d}U + \frac{P}{T}\mathrm{d}V. \tag{2.14}$$

U を T と V の関数とみなし，P は理想気体の状態方程式を用いて消去すると，この式は，次のように変形できる．

$$\mathrm{d}S = \frac{1}{T}\left\{\left(\frac{\partial U}{\partial T}\right)_V \mathrm{d}T + \left(\frac{\partial U}{\partial V}\right)_T \mathrm{d}V\right\} + \frac{nR}{V}\mathrm{d}V. \tag{2.15}$$

この式から，次の2つの偏微分が得られる．

[*5] このような積分変数の無次元化の手法は，物理学のいろいろな分野で使えるものなので，ぜひ身につけておきたい手法の1つである．

[*6] エントロピーの次元は，エネルギーの次元を温度の次元で割ったものに等しい．

$$\left(\frac{\partial S}{\partial T}\right)_V = \frac{1}{T}\left(\frac{\partial U}{\partial T}\right)_V, \tag{2.16}$$

$$\left(\frac{\partial S}{\partial V}\right)_T = \frac{1}{T}\left(\frac{\partial U}{\partial V}\right)_T + \frac{nR}{V}. \tag{2.17}$$

式 (2.16) の両辺を V で微分し，式 (2.17) の両辺を T で微分すると

$$\frac{\partial^2 S}{\partial V \partial T} = \frac{1}{T}\frac{\partial^2 U}{\partial V \partial T}, \tag{2.18}$$

$$\frac{\partial^2 S}{\partial T \partial V} = \frac{1}{T}\frac{\partial^2 U}{\partial T \partial V} - \frac{1}{T^2}\left(\frac{\partial U}{\partial V}\right)_T. \tag{2.19}$$

S, U の 2 階偏微分は，どちらの変数で先に微分するかにはよらない．したがって，上の 2 式の両辺を比較することによって，

$$\left(\frac{\partial U}{\partial V}\right)_T = 0 \tag{2.20}$$

が導かれる．式 (2.20) は理想気体に対するジュールの法則と呼ばれている．

2.3 ボルツマン方程式と H 定理

マクスウェル分布で考えられたのは，平衡状態における速度分布であるが，オーストリア・ウィーン出身の物理学者ボルツマン (Ludwig Eduard Boltzmann, 1844–1906) は，粒子の運動を記述する相空間 (運動量と座標で張られる空間)*7) における，より一般的な分布関数を導入して，気体分子が互いに衝突しながら，平衡状態に近づく過程を考えた．運動量を $\boldsymbol{p} = (p_x, p_y, p_z)$，座標を $\boldsymbol{r} = (x, y, z)$ として，相空間の $\boldsymbol{p} \sim \boldsymbol{p} + \mathrm{d}\boldsymbol{p}$ かつ $\boldsymbol{r} \sim \boldsymbol{r} + \mathrm{d}\boldsymbol{r}$ の領域に分子の力学的状態 ($\boldsymbol{p}$ と $\boldsymbol{r}$ で決まる) が入る確率を $f(\boldsymbol{p}, \boldsymbol{r}, t)\mathrm{d}\boldsymbol{r}\mathrm{d}\boldsymbol{p}$ のように表す *8)．$f(\boldsymbol{p}, \boldsymbol{r}, t)$ は確率密度 *9) と呼ばれ，一般には運動量，座標および時間 t の関数である．力学の運動方程式を考慮すれば，この確率密度に対する運動方程式を導くことがで

*7) 英語では phase space というが，この phase という言葉は，物質の熱力学的な状態を表す「相」(第 4 章で扱われる) や数学における位相などにも用いられている．

*8) あまり好ましい書き方ではないのだが，煩雑さを避けるため，$\mathrm{d}x\mathrm{d}y\mathrm{d}z$, $\mathrm{d}p_x\mathrm{d}p_y\mathrm{d}p_z$ を，$\mathrm{d}\boldsymbol{r}$, $\mathrm{d}\boldsymbol{p}$ のように表しておく．好ましくないというのは，微小なベクトルと体積要素に同じ記号を使うことになるからなのだが，紛らわしい場合には，体積要素であることがわかるように明記することにする．

*9) 確率密度関数と呼ぶこともある．

きる．ここでは，導出の詳細は省略して，その結果と物理的意味を説明するにとどめよう．

分子は運動方程式に従って，その位置および運動量を刻々変えていく．そのため，確率密度は，あらわに時間に依存するほか，$\boldsymbol{p}$, $\boldsymbol{r}$ の時間変化を通しても時間に依存する．さらに，分子同士が衝突・散乱を繰り返せば，それによっても確率密度の時間変化が生じる．しかし，確率全体としては保存されるはずであるから，次式が成り立つ．

$$\frac{\mathrm{d}f}{\mathrm{d}t} = \frac{\partial f}{\partial t} + \dot{\boldsymbol{p}} \cdot \frac{\partial f}{\partial \boldsymbol{p}} + \dot{\boldsymbol{r}} \cdot \frac{\partial f}{\partial \boldsymbol{r}} + \left(\frac{\partial f}{\partial t}\right)_{\mathrm{col}} = 0. \tag{2.21}$$

ここで，左辺は，すべての時間依存性を考慮に入れた時間微分である．また，中辺第 4 項は，分子間衝突に起因する時間変化を表す (衝突項と呼ばれる)．ベクトルによる微分記号は，以下のような内容を簡略表記したものである．

$$\frac{\partial f}{\partial \boldsymbol{p}} = \left(\frac{\partial f}{\partial p_x}, \frac{\partial f}{\partial p_y}, \frac{\partial f}{\partial p_z}\right). \tag{2.22}$$

さらに，$\dot{\boldsymbol{p}}$, $\dot{\boldsymbol{r}}$ はそれぞれ $\boldsymbol{p}$, $\boldsymbol{r}$ の時間微分を意味する．

簡単のため，確率密度が一様 (座標 $\boldsymbol{r}$ に依存しない) で，外力も働いていない (すなわち $\dot{\boldsymbol{p}} = 0$) の場合を考えよう．したがって，f は運動量と時間の関数となる．このとき，式 (2.21) から

$$\frac{\partial f}{\partial t} = -\left(\frac{\partial f}{\partial t}\right)_{\mathrm{col}} \tag{2.23}$$

が得られる．以下では，煩雑さを避けて，$f(\boldsymbol{p})$ のように表し，時間変数をあらわには書かないことにしよう．

さらに，簡単のため 1 種類の分子だけからなる気体を想定しよう．気体分子は衝突し合うことによって，運動量が変化する (図 2.3 参照)．このことは分布関数の変化につながる．このように考えれば，衝突項を次のように表すことができる (負号は意味を理解しやすいようにわざと残してある)．

$$\begin{aligned} -\left(\frac{\partial f}{\partial t}\right)_{\mathrm{col}} = & -\int \mathrm{d}\boldsymbol{p}_1 \int \mathrm{d}\boldsymbol{p}_2 \int \mathrm{d}\boldsymbol{p}_3 \sigma(\boldsymbol{p}, \boldsymbol{p}_1; \boldsymbol{p}_2, \boldsymbol{p}_3) \\ & \times \left[f(\boldsymbol{p})f(\boldsymbol{p}_1) - f(\boldsymbol{p}_2)f(\boldsymbol{p}_3)\right]. \end{aligned} \tag{2.24}$$

導出は省略するが，$\sigma(\boldsymbol{p}, \boldsymbol{p}_1; \boldsymbol{p}_2, \boldsymbol{p}_3)$ は運動量 $\boldsymbol{p}$ と $\boldsymbol{p}_1$ の分子が衝突して，運

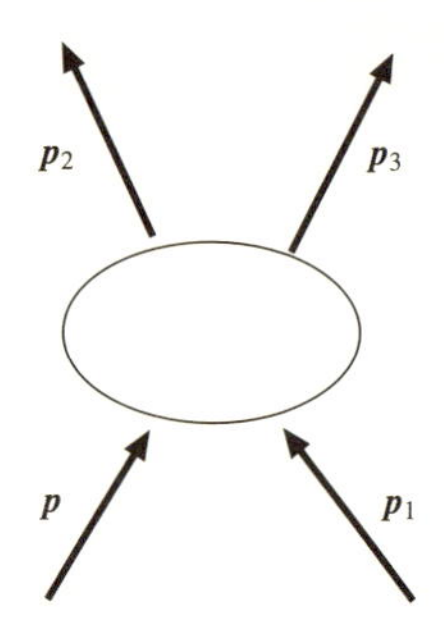

図 **2.3**　気体分子同士の衝突過程 (模式図)

動量 $\boldsymbol{p}_2$ と $\boldsymbol{p}_3$ の分子になる過程の散乱確率であり，散乱断面積を用いて表すことができる．具体的には，力学 (量子的な系の場合は量子力学) によって計算される．系が時間反転や空間反転に関して対称的であれば，逆の過程，すなわち $(\boldsymbol{p}_2, \boldsymbol{p}_3) \to (\boldsymbol{p}, \boldsymbol{p}_1)$ に対しても散乱確率は等しくなる．積分は，相手分子の運動量 $\boldsymbol{p}_1$，散乱後の運動量 $\boldsymbol{p}_2, \boldsymbol{p}_3$ のすべての領域にわたるものである．積分下の中括弧内で，第 1 項は，$\boldsymbol{p}$ と $\boldsymbol{p}_1$ の衝突によって，運動量 $\boldsymbol{p}$ の分子数が減少する過程に，また第 2 項は $\boldsymbol{p}_2$ と $\boldsymbol{p}_3$ の衝突によって，運動量 $\boldsymbol{p}$ の分子数が増加する過程に，それぞれ対応する．散乱確率には，エネルギー保存則，$\varepsilon_{\boldsymbol{p}} + \varepsilon_{\boldsymbol{p}_1} = \varepsilon_{\boldsymbol{p}_2} + \varepsilon_{\boldsymbol{p}_3}$，および運動量保存則，$\boldsymbol{p} + \boldsymbol{p}_1 = \boldsymbol{p}_2 + \boldsymbol{p}_3$ の条件が組み込まれている．すなわち，これらの条件が満たされない散乱過程に対して σ は 0 になる [*10)]．

○散乱確率に関する補足

散乱確率の意味を理解するために，少し補足をしておこう．上で述べたように，運動量保存則とエネルギー保存則が満たされるときのみ，散乱確率は 0 でなくなるので，その条件を考慮すれば，3 つの運動量積分のうち 1 つ (例えば $\boldsymbol{p}_3$ 積分) は運動量保存則によって簡単に実行でき，残る 2 つの運動量積分についても，1 つの運動量 (例えば $\boldsymbol{p}_2$) の大きさについてはエネルギー保存則を満たすように決められてしまう．残るのは，1 つの運動量 (例えば $\boldsymbol{p}_1$) に関する積分と，もう 1 つの運動量 ($\boldsymbol{p}_2$) の方向に関する積分だけである．この方向に関する積分は，衝

---

*10)　数学的にはデルタ関数，$\delta(\varepsilon_{\boldsymbol{p}} + \varepsilon_{\boldsymbol{p}_1} - \varepsilon_{\boldsymbol{p}_2} - \varepsilon_{\boldsymbol{p}_3})$ など，の形で取り込まれるのであるが，ここでは詳細を理解できなくてもよい．

突前後の相対運動量 $\boldsymbol{p}_1-\boldsymbol{p}$ と $\boldsymbol{p}_3-\boldsymbol{p}_2$ の間の立体角 Ω に関する積分 [*11] で置き換えることができる．このように積分を整理した結果，衝突項は次のような形にまとめられる (ただし，$\boldsymbol{p}_3$ および $|\boldsymbol{p}_2|$ に関しては，上述の処理をしたものを代入する).

$$-\left(\frac{\partial f}{\partial t}\right)_{\mathrm{col}}=-\int \mathrm{d}\Omega \int \mathrm{d}\boldsymbol{p}_1 g I(|\boldsymbol{p}-\boldsymbol{p}_1|,\Omega) \times\left[f(\boldsymbol{p})f(\boldsymbol{p}_1)-f(\boldsymbol{p}_2)f(\boldsymbol{p}_3)\right]. \tag{2.25}$$

ここで，$I(|\boldsymbol{p}-\boldsymbol{p}_1|,\Omega)\mathrm{d}\Omega$ は相対運動量が Ω の方向に散乱される微分散乱断面積と呼ばれるもので，それに相対速度 (相対運動量を質量で割ったもの) の大きさ $g=|\boldsymbol{v}-\boldsymbol{v}_1|$ をかけると，単位時間当たりの体積を意味するものとなる．この体積に分布関数をかければ，$\mathrm{d}\Omega$ の方向に散乱される粒子の単位時間当たりの個数が得られることになる．$gI(|\boldsymbol{p}-\boldsymbol{p}_1|,\Omega)$ に運動量保存則，エネルギー保存則に対応する δ 関数をかけたものとして与えられる σ が散乱確率と呼ばれるゆえんである．

これで衝突項の概略が明らかになったので，次に，分布関数 $f(\boldsymbol{p})$ が式 (2.23) に従って時間変化するものとして，ボルツマンによって導入された H 関数

$$H\equiv\int \mathrm{d}\boldsymbol{p} f(\boldsymbol{p})\ln f(\boldsymbol{p}) \tag{2.26}$$

の時間変化を考えてみよう．$f(\boldsymbol{p})$ が時間に依存することに注意して，H の時間微分を計算すれば，次のようになる (常微分と偏微分の使い分けに注意せよ).

$$\frac{\mathrm{d}H}{\mathrm{d}t}=\int \mathrm{d}\boldsymbol{p}\left[\ln f(\boldsymbol{p})+1\right]\frac{\partial f(\boldsymbol{p})}{\partial t}. \tag{2.27}$$

ここで，式 (2.23), (2.24) を右辺 f の時間微分のところに用いれば，式 (2.27) は以下のように書き換えられる．

$$\frac{\mathrm{d}H}{\mathrm{d}t}=-\int \mathrm{d}\boldsymbol{p}\int \mathrm{d}\boldsymbol{p}_1\int \mathrm{d}\boldsymbol{p}_2\int \mathrm{d}\boldsymbol{p}_3\left[\ln f(\boldsymbol{p})+1\right]\sigma(\boldsymbol{p},\boldsymbol{p}_1;\boldsymbol{p}_2,\boldsymbol{p}_3) \times\left[f(\boldsymbol{p})f(\boldsymbol{p}_1)-f(\boldsymbol{p}_2)f(\boldsymbol{p}_3)\right]. \tag{2.28}$$

[*11] 立体角は，1 つの点から出る半直線が回転して作る錐面によって区切られる部分のことをいう．この錐面の開き具合を 2 次元平面における直線間の角度の拡張概念として“角度”と呼ぶのである．具体的には，半直線が半径 1 の球面から切り取った面積の大きさで表すことができる．方向を方位角 φ と仰角 (より正確には仰俯角) θ で表せば，立体角の微分 $\mathrm{d}\Omega$ は $\mathrm{d}\Omega=\sin\theta\mathrm{d}\theta\mathrm{d}\varphi$ によって与えられる．詳しくは数学や物理数学で学んでほしい．

さらに，$\sigma(\boldsymbol{p},\boldsymbol{p}_1;\boldsymbol{p}_2,\boldsymbol{p}_3)$ の持つ対称性，すなわち $\boldsymbol{p}$ と $\boldsymbol{p}_1$ の入れ替え，$\boldsymbol{p}_2$ と $\boldsymbol{p}_3$ の入れ替え，$(\boldsymbol{p},\boldsymbol{p}_1)$ の組と $(\boldsymbol{p}_2,\boldsymbol{p}_3)$ の組の入れ替えなどに対し，σ が不変であることに注意すれば，積分記号の中で，分布関数の運動量変数を入れ替えても積分結果は同じである (場合によっては符号のみが変わる) ことがわかり，同じものを加えて 4 で割ると考えれば，式 (2.28) を次式のように変形することができる．

$$\begin{aligned}\frac{\mathrm{d}H}{\mathrm{d}t} &= -\frac{1}{4}\int \mathrm{d}\boldsymbol{p}\int \mathrm{d}\boldsymbol{p}_1\int \mathrm{d}\boldsymbol{p}_2\int \mathrm{d}\boldsymbol{p}_3\,[\ln f(\boldsymbol{p})+\ln f(\boldsymbol{p}_1)-\ln f(\boldsymbol{p}_2)\\ &\quad -\ln f(\boldsymbol{p}_3)]\,\sigma(\boldsymbol{p},\boldsymbol{p}_1;\boldsymbol{p}_2,\boldsymbol{p}_3)\,[f(\boldsymbol{p})f(\boldsymbol{p}_1)-f(\boldsymbol{p}_2)f(\boldsymbol{p}_3)]\\ &= -\frac{1}{4}\int \mathrm{d}\boldsymbol{p}\int \mathrm{d}\boldsymbol{p}_1\int \mathrm{d}\boldsymbol{p}_2\int \mathrm{d}\boldsymbol{p}_3\sigma(\boldsymbol{p},\boldsymbol{p}_1;\boldsymbol{p}_2,\boldsymbol{p}_3)\\ &\quad \times\{\ln[f(\boldsymbol{p})f(\boldsymbol{p}_1)]-\ln[f(\boldsymbol{p}_2)f(\boldsymbol{p}_3)]\}\,[f(\boldsymbol{p})f(\boldsymbol{p}_1)-f(\boldsymbol{p}_2)f(\boldsymbol{p}_3)]\,.\end{aligned} \tag{2.29}$$

この式で，因子 σ を除いた部分は，$(\ln X-\ln Y)(X-Y)$ の形をしており，対数関数が単調増加関数であることに注意すれば，決して負にはならないことがわかる．散乱確率も負になることはないので，右辺が正になることはないと理解できる．すなわち，気体分子が互いに衝突し合うことによって，H 関数は時間とともに減ることはあっても，増えることはないということが示されたわけである．H 関数の時間微分に関する，この不等式 ($\mathrm{d}H/\mathrm{d}t\le 0$) はボルツマンの **H 定理**として知られている．

H 関数の定義 (2.26) は，$\ln f(\boldsymbol{p})$ を分布関数 $f(\boldsymbol{p})$ の重みで平均しているとみなすこともできる．これらの考察から，ボルツマンは運動量が $\boldsymbol{p}$ 近傍の気体分子が，気体のエントロピーに寄与する部分は $-\ln f(\boldsymbol{p})$ に正の定数をかけたものと考えれば熱力学第 2 法則と矛盾せず，よいのではないかと思いついた．オーストリア，ウィーンの中央墓地にあるボルツマンの墓碑には，有名な

$$S=k\log W \tag{2.30}$$

という式が彫られている (図 2.4 参照) が，S はエントロピー，W は状態の実現確率の逆数に当たるもので，**熱力学的重率**と呼ばれている．上記の H 関数の議論だけでは，必ずしも明確ではないが，正の定数 k は，その後のいろいろな

図 **2.4** ウィーン中央墓地 (区画 14c, No.1) にあるボルツマンの墓碑

研究の結果，ボルツマン定数 $k_{\rm B}$ にほかならないことが明らかになっている．

2.4 統計力学におけるエントロピー

現在広く受け入れられている平衡系統計力学の定式化に成功したのは，19 世紀末に活躍したアメリカの物理学者ギブス (Josiah Willard Gibbs, 1839–1903) である．ギブスは，ミクロな系の力学を直接考えるのではなく，熱力学的には同等な (すなわち，熱力学変数に関しては同じ値を持つ) 系の集まり (アンサンブル，ensemble) を導入し，そのアンサンブルに関する統計平均を取ることによって，熱力学が構築されると考えた．ensemble というのは，集合や集団を意味するフランス語であるが，熱学の分野では，ギブスの導入した統計的な集団を意味し，統計集団あるいはギブス・アンサンブルと呼ばれることもある．

対象となる系の状況 (孤立しているか，熱浴に接しているかなど) に応じて，

図 **2.5** ウィラード・ギブス
現在の平衡系統計力学を確立した．数学者，物理化学者でもあり，ギブスの自由エネルギーやギブス・パラドックスに名を残している．

異なるアンサンブルが考えられるが，ギブスの導入したアンサンブルの中では，孤立系の統計力学を記述するのに適している**ミクロカノニカル・アンサンブル** (日本語では**小正準集合**とも呼ばれる) が (平衡系) 統計力学の基礎となるものである．ミクロカノニカル・アンサンブルで扱われる統計分布を**ミクロカノニカル分布**と呼ぶ．孤立系では外界との間にエネルギーのやり取りなどはないので，系のエネルギーは一定に保たれていると考えられる．この場合，アンサンブルの構成要素は同じエネルギーを持っているがミクロな意味での状態は異なっていると考えればよい [*12]．ギブスは，個々の状態の実現確率は系のエネルギーだけで決まっていると仮定し，ミクロカノニカル・アンサンブルにおける個々の状態の実現確率が，同じエネルギーを持つ状態の総数 W の逆数 $1/W$ で与えられるものとした．したがって，ボルツマンの考え方を受け入れれば，エントロピー S は

$$S = \sum_{\text{状態}} \frac{1}{W} k_{\mathrm{B}} \ln W = k_{\mathrm{B}} \ln W \tag{2.31}$$

で与えられることになる．ここで，状態に関する和は W (状態総数) を与えるということを用いた．W は系のエネルギー E の関数であり，系の状態の中でエネルギーが E となるものの総数である．

ミクロカノニカル分布は，主として，統計力学を構成するために導入されたものであり，具体的で身近な熱力学的事例を考えることには適さない．サイコロの目になぞらえれば，6 つのほぼ同じ条件下にある面が，同じエネルギーを持つ状態に対応し，どの目が出る確率も等しいということが，どの状態の実現確率も等しいことに対応している．同じ条件下にある面の数は，同じエネルギーを持つ状態の数に相当し，各目の出る確率に当たる各状態の実現確率が状態数の逆数 (この場合は 1/6) で与えられることになる．

第 1 章で，熱の本質は構成分子のランダムな運動であると述べたが，そのような系の全体としての振る舞いを統計的に処理して，統計的な平均値で記述できるという解釈の背景には，多数のランダムな変数の集まりに対して成り立つ，

[*12] 量子力学では，全系を記述するハミルトニアンに対する (定常) シュレーディンガー方程式で，同じエネルギーを持つが状態としては異なるものは縮退 (degenerate) しているという．ミクロカノニカル・アンサンブルにおける異なる状態というのは，この縮退した状態を意味すると考えてよい．

「大数の法則」や「中心極限定理」の存在がある．詳細は付録 B で説明されるが，系の構成要素の数 (系の自由度といういい方をしてもよい) が大きくなればなるほど，平均値のまわりの相対的なゆらぎは小さくなるので，ほとんど確実に平均値が実現していると考えることができるのである．この説明は，現段階で理解できなくてもよい．統計的処理には数学的な裏づけがあるのだということだけ知っていればよいであろう．

さて，孤立系のエントロピーが式 (2.31) で与えられるとして，熱力学を構築するためには，温度を定義する必要がある．1.6 節で，内部エネルギーをエントロピーで微分したものが温度になるという熱力学的関係式 (1.35) を説明した．熱力学では，歴史的経緯から，内部エネルギー (運動エネルギーとポテンシャル・エネルギーの和) を U で表すが，本節では力学の慣習にならって E を用いている [*13]．式 (1.35) から，エントロピーのエネルギー微分を温度の逆数と定義するのが適切であると理解される．

$$
\begin{aligned}
\frac{1}{T} &\equiv \left(\frac{\partial S}{\partial E}\right)_V \\
&= \frac{k_{\mathrm{B}}}{W}\left(\frac{\partial W}{\partial E}\right)_V .
\end{aligned}
\tag{2.32}
$$

ここで，偏微分は体積 V を固定した微分である．温度を導入すれば，後は数学的な処理で，熱力学を構築することができる．このようにして導入された温度が，熱力学で扱われている温度と同じ性質を持つかどうか，この時点では不明であるが，異なる温度の孤立系を接触させた場合に，高温側から低温側にエネルギーが流入して平衡が実現されることを，統計力学的な取り扱いの範囲内で示すことは可能である [5]．式 (2.32) を E について解くことができれば，原理的にエネルギー (内部エネルギー) を温度の関数として表すこともでき，したがって，熱容量などの計算も可能になる．

▶エントロピーと情報量

エントロピーは情報量に関係した量であるということを聞いたことのある人

---

*13)　今後も E と U は適宜使い分ける．原則的には，純粋に熱力学的な議論の場合は U を，力学や量子力学との関連の強い統計力学にかかわる議論では主に E を用いる．いずれにしても，内容は同じものである．

は多いと思う．エントロピーと情報量の関連を最初に明確にしたのは，情報を定量的に扱えるようにする情報理論の創始者として知られる，アメリカの数学者シャノン (Claude Elwood Shannon, 1916–2001) である．シャノンは 1948 年，ベル研究所の紀要に発表した論文「通信の数学的理論」[6] の中で，情報量の多寡を表す量を意識的にエントロピーと呼んだ．

具体的な例として，実現確率が $p_1, p_2, \ldots, p_n$ で表される n 個の事象列を考え，この実現確率だけが知られている場合に，どれだけ多くの選択の余地があるか，あるいは，選択結果に関してどれだけの不確定性があるかを表す“測度”が存在するかどうかを論じている．さらに，そのような測度 $H(p_1, p_2, \ldots, p_n)$ があったとして，その関数が満たすべき 3 つの性質を要請した．3 つの要請は以下のように記述される．

(1) H は $\{p_i\}$ の連続関数である．

(2) すべての p_i が等しい場合，すなわち $p_i = 1/n$ であるとき，H は n の単調増加関数である．これは，実現確率が等しい場合には，事象数の多いほど選択の可能性が増すことは当然と考えられるからである．

(3) 選択を 2 つの連続した選択に分割する場合には，もともとの H は個々の選択に対する H の加重和で与えられる．この意味するところは，例えば，1 から k までの事象グループ A と $k+1$ から n までの事象グループ B に分割してみると理解できよう．まず，第 1 段階の選択でグループ A か B を選び，その後，選択したグループ内で事象を選ぶことを考える．A, B を選ぶ確率をそれぞれ，p_{A}, p_{B} とすれば，

$$p_{\mathrm{A}} = \sum_{i=1}^{k} p_i, \tag{2.33}$$

$$p_{\mathrm{B}} = \sum_{i=k+1}^{n} p_i = 1 - p_{\mathrm{A}} \tag{2.34}$$

である．A および B の中での個々の事象の規格化された実現確率を，それぞれ $p_{\mathrm{A},i}$, $p_{\mathrm{B},i}$ のように表すことにすれば，

$$p_{\mathrm{A},i} = \frac{p_i}{p_{\mathrm{A}}} \quad (i = 1, \ldots, k), \tag{2.35}$$

$$p_{\mathrm{B},i} = \frac{p_i}{p_{\mathrm{B}}} \quad (i = k+1, \ldots, n), \tag{2.36}$$

である．この場合に対する3つめの要請は

$$H(p_1, \ldots, p_n) = H(p_A, p_B) + p_A H(p_{A,1}, \ldots, p_{A,k}) \\ + p_B H(p_{B,k+1}, \ldots, p_{B,n}) \tag{2.37}$$

のように表すことができる．

シャノンはこれら3つの要請を満たす関数形としては，以下に示すものしかないということを数学的に証明した*14)．

$$H = -\sum_{i=1}^{n} p_i \ln p_i. \tag{2.38}$$

係数の任意性はあるが，それはこの測度の単位の問題なので，ここでは1が選ばれている．式 (2.38) の H は，本質的に符号を除いてボルツマンの H 関数と同等なものである．シャノンはこの H (式 (2.38)) を“エントロピー”と呼んでいる．

簡単のため，$n = 2$ の場合を考えてみよう．$p_1 = p$, $p_2 = q = 1 - p$ とおけば，

$$H = -p \ln p - q \ln q = -p \ln p - (1-p) \ln(1-p) \tag{2.39}$$

となるので，p の関数としての振る舞いを見ると，$p = 1$, $p = 0$ の場合に $H = 0$ となり，$p = q = 1/2$ の場合に最大値 $\ln 2$ を取ることがわかる．一般の場合も，どれか1事象の確率が1の場合，$H = 0$ であり，$p_1 = p_2 = \cdots = p_n = 1/n$ のときに最大値 $\ln n$ を取ることが示される．

統計力学におけるミクロカノニカル分布で考えれば，事象は多粒子系の状態に対応し，平衡状態のエントロピーは，すべての状態の実現確率が等しい場合の H にボルツマン定数 k_B をかけたもので与えられることになる．このように，情報理論で扱われる“エントロピー”の方がより広い意味で定義されていると考えられるが，統計力学や熱力学に登場するエントロピーもその中に包含されるということは，ある程度，理解できるであろう．エントロピーが情報量に関係しているという説明の背景には上記のような事情がある．

情報量の測度がどんなものを表すのかを直感的に理解するために，m 桁の2

---

*14) 証明の内容については，参考文献[6] に譲ることとし，ここでは省略する．

進数の集まりを考えれば，$n=2^m$ であり，どの数が選ばれる確率も同等で等しいとすれば，シャノンの情報量の測度は $H=m\ln 2$ となって，m に比例する形で得られる．情報量が m に比例する形で与えられるのは合理的であろう．

近年，宇宙論においてもブラックホールに関連して，エントロピーが議論されているが，その際にも，情報の消失とエントロピーの変化が関連づけられている．しかし，本書の主目的からは外れるので，これ以上立ち入らない．

○エントロピーとゴム弾性

エントロピーが我々の身近なところで関係している例として，ゴム弾性を考えてみよう[5]．ゴムは鎖状の長い高分子が折れ曲がり，複雑に絡み合った構造をしていることが知られている．簡単のため，一定の長さ a の要素が，自由に折れ曲がる関節で連なった 1 次元モデルを考える (図 2.6 参照).

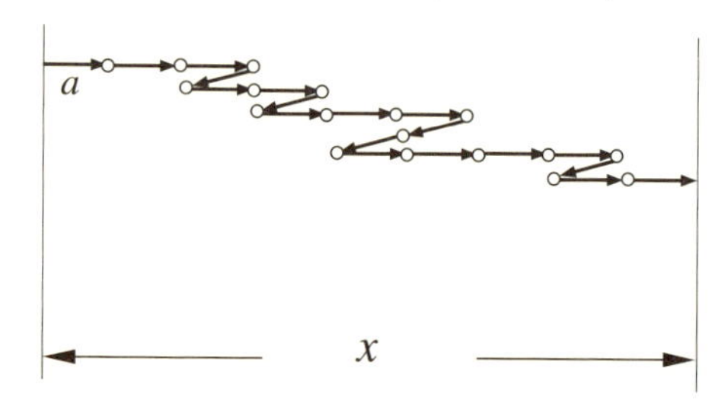

図 2.6　一定の長さ a の要素が自由に折れ曲がる関節で連なったゴムの 1 次元モデル

要素を右矢印，左矢印に見立て，右矢印の数を n_+，左矢印の数を n_- とする．要素の総数を N とすれば $n_+ + n_- = N$ であり，鎖の全長 L は $L=aN$ で与えられる．また，鎖の両端間の距離 (みかけ上の鎖の長さ) x は $x=a(n_+ - n_-)$ で与えられる．右向き，左向きの矢印の並び方はランダムで，x を固定してもいろいろな並び方が可能である．したがって，鎖の両端間の距離が x であるときの並び方の数 W は，次のように計算される．

$$
\begin{aligned}
W &= \frac{N!}{n_+!n_-!} \\
&\simeq \frac{N^N}{n_+^{n_+} n_-^{n_-}} \\
&= \frac{(2L)^N}{(L+x)^{(L+x)/2a}(L-x)^{(L-x)/2a}}.
\end{aligned}
\tag{2.40}
$$

ここで，N, n_+, n_- はいずれも 1 に比べて十分大きいと仮定し，最も単純なスターリングの公式 $N! \simeq N^N$ を用いている (付録 A.4 参照)．また，$n_+ = (L+x)/2a$, $n_- = (L-x)/2a$ であることも使われている．この結果，エントロピーは

$$\begin{aligned} S &= k_{\mathrm{B}} \ln W \\ &= k_{\mathrm{B}} N \left\{ \ln 2 - \frac{1}{2}\left(1+\frac{x}{L}\right)\ln\left(1+\frac{x}{L}\right) \right. \\ &\qquad \left. - \frac{1}{2}\left(1-\frac{x}{L}\right)\ln\left(1-\frac{x}{L}\right) \right\} \end{aligned} \tag{2.41}$$

となる．ここで，温度が T のときみかけの長さを x に保つために必要な張力 X を求めよう．次章で扱うように，有限温度では内部エネルギー U の代わりに，ヘルムホルツの自由エネルギー $F = U - ST$ を考えなければならない．関節は自由に折れ曲がるとしたので，内部エネルギーは x に依存しない．力はエネルギー (ここでは自由エネルギー) の x 微分で得られるが，いまの場合，その寄与はエントロピーの項だけからくる．したがって，

$$\begin{aligned} X &= \left(\frac{\partial F}{\partial x}\right)_T \\ &= T\left(\frac{\partial S}{\partial x}\right)_T \\ &= \frac{k_{\mathrm{B}} T}{2a} \ln \frac{1+x/L}{1-x/L} \\ &= \frac{k_{\mathrm{B}} T}{La} x + \cdots \end{aligned} \tag{2.42}$$

となる[*15)]．最後の変形は，$x \ll L$ であるとして対数関数を展開したものであり，通常のバネにおけるフックの法則に対応する．このモデルは，ゴムの弾性がエントロピー起源であることを示す最も簡単なものであり，このような弾性をエントロピー弾性と呼んで，力学的なポテンシャルに起因する弾性と区別している．このモデルでは，$x \to L$ のとき，張力は発散する．実際のゴムは 3 次元として扱う必要があるので，取り扱いはもう少し複雑になる．

---

*15) この式の意味を正しく理解するためには，x を一定に保つという条件をラグランジュの未定乗数法によって取り入れるという手続きが必要となるのだが，ここでは，ポテンシャルエネルギーの座標微分が力を与えるという力学との類推で理解する程度でよいであろう．

2.5　量子力学における「状態」

これまで，状態という言葉を，特に厳密な定義をせずに用いてきたが，ここで，状態をどのように考えればよいか説明しておこう．

古典力学は，運動量や位置座標の時間変化を追うことができるが，状態が何を表すかを簡潔に示すのは容易でない．また，連続した変数で状態を記述しなければならないので，実現確率を連続空間で考えるという面倒な面もある．そのような記述の仕方は不可能ではないが，ここでは，離散的な変数で状態を規定できる量子力学の言葉で「状態」を記述することにしよう．

量子力学では，状態を時間 t および空間座標 $\boldsymbol{r}$ の関数である「**波動関数**」によって表す．より正確には，状態という概念はある意味，抽象的なもので，その表現の 1 つが波動関数であるといった方がよいであろう．状態を構成要素とする抽象的な空間 (状態空間) を考え，その空間における "ベクトル" として，状態ベクトルという言葉も用いられる．波動関数や状態ベクトルがどのような意味を持つかということについては，量子力学で学ぶことにして，ここでは，もっぱら実用上の観点から，波動関数がどういうもので，それがどのように「状態」に結びつくのかを述べておく．量子力学における波動関数 Ψ は，エネルギーの量子力学的表現に対応するハミルトニアン (ハミルトン演算子 [*16)]) $\mathcal{H}$ を用いて表されるシュレーディンガー方程式

$$\mathrm{i}\hbar\frac{\partial \Psi}{\partial t} = \mathcal{H}\Psi \tag{2.43}$$

によって時間，空間依存性が決められる．ここで，$\hbar$ はプランク定数 h $(= 6.62606896 \times 10^{-34}\,\mathrm{J\cdot s})$ を 2π で割ったものである [*17)]．(孤立系の場合のように) エネルギー (力学的エネルギー) が保存量であるときには，対応するハミルトニアンは時間に依存しない (時間変数あるいは時間に関する演算を含まない)．この場合の波動関数 Ψ は，その時間依存性と空間依存性を分離するこ

---

*16)　関数や広い意味での "ベクトル" などに作用して，ほかの関数やベクトルに変換するものを演算子という．作用素，オペレーターと呼ぶこともある．

*17)　プランク定数は量子力学で基本的な役割を果たす最も重要な定数であり，角運動量の量子化や運動量と座標の交換関係などに現れたり，周波数 ν の光のエネルギー量子が $h\nu$ で与えられるというようなところに登場する．

とができ，時間のみの関数 $\Phi(t)$ と空間座標のみに依存する関数 $\psi(\boldsymbol{r})$ の積の形に表すことが許される:

$$\Psi = \Phi(t)\psi(\boldsymbol{r}). \tag{2.44}$$

これを式 (2.43) に代入し，$\mathcal{H}$ が空間座標のみに作用することに注意すれば，次式が導かれる．

$$\mathrm{i}\hbar\frac{1}{\Phi(t)}\frac{\mathrm{d}\Phi(t)}{\mathrm{d}t} = \frac{\mathcal{H}\psi(\boldsymbol{r})}{\psi(\boldsymbol{r})}. \tag{2.45}$$

この式の左辺は t のみに依存し，右辺は $\boldsymbol{r}$ のみに依存する．両者が等しいということは，ともに定数であることを意味する．その定数を E で表せば，$\Phi(t)$ については

$$\Phi(t) = \exp\left(-\mathrm{i}\frac{Et}{\hbar}\right) \tag{2.46}$$

のように解くことができ [*18)]，ψ に対しては

$$\mathcal{H}\psi(\boldsymbol{r}) = E\psi(\boldsymbol{r}) \tag{2.47}$$

が得られる．この式は時間を含まないので，**定常シュレーディンガー方程式**と呼ばれることもあるが，通常は，こちらをシュレーディンガー方程式，式 (2.43) の方を**時間依存シュレーディンガー方程式**と呼んで区別することが多い．式 (2.47) は演算子 $\mathcal{H}$ が関数 ψ に作用して，単に定数倍になるという関係であり，このような関係を満たすとき，E は $\mathcal{H}$ の固有値であり，ψ は固有関数であるという．固有関数は，エネルギーの定まった固有状態を記述しているものと考えることができる．固有値の具体的値は，境界条件を加味して決めることができる．統計力学における状態は，通常，系のハミルトニアンの固有状態を念頭においている．

▶1 次元自由粒子の具体例

量子力学では，x 方向の運動量 p_x を演算子として

$$p_x = \frac{\hbar}{\mathrm{i}}\frac{\partial}{\partial x} \tag{2.48}$$

---

*18) 解き方については，数学あるいは物理数学にゆずる．式 (2.46) の右辺には，積分定数としての定数係数をかけてもよいのであるが，その定数係数は ψ の方に含ませることができるので，ここでは省略してある．

のように表す[*19)]．したがって，質量 m を持つ1次元自由粒子のハミルトニアンは

$$\mathcal{H} = \frac{p^2}{2m} = -\frac{\hbar^2}{2m}\frac{\mathrm{d}^2}{\mathrm{d}x^2} \tag{2.49}$$

となる．1次元なので，方向を示す添え字 x は省略した．微分は x に関する2階微分を表す．1次元なので，常微分になっている．(定常) シュレーディンガー方程式は

$$-\frac{\hbar^2}{2m}\frac{\mathrm{d}^2}{\mathrm{d}x^2}\psi = E\psi \tag{2.50}$$

となるので，便宜上，$E = (\hbar k)^2/2m$ のように表して定数 k を導入すれば，

$$\psi = C\mathrm{e}^{\pm \mathrm{i}kx} \tag{2.51}$$

が得られる．C は積分定数であり，量子力学では後に述べる波動関数の規格化条件によって決められる．定数 k はこの状態を規定するパラメータであり，長さの逆数の次元を持っている．右辺の実部や虚部を取ってみればわかるように，この波動関数は周期的な波の振る舞いを示していて，$2\pi/k$ が波長となる．k は波数と呼ばれる．ついでにいえば，波動関数 (2.51) は，運動量演算子の固有関数にもなっていて，運動量の固有値は $\pm\hbar k$ で与えられる．自由粒子系では，空間が一様なので，運動量も保存し，エネルギーと運動量が同時固有状態を持つことになる．

ここまで，境界条件については何も触れてこなかったが，統計力学では，非常に大きな系のバルク[*20)]な性質を扱いたいため，仮想的に端の影響を取り除いた**周期的境界条件** (periodic boundary condition) を仮定することが多い．ここでも，その考え方を取り入れると，波動関数は

$$\psi(x + L) = \psi(x) \tag{2.52}$$

という関係式を満たす．ここで，L は系の大きさに対応する長さである[*21)]．

---

*19) y 方向，z 方向についても同様である．

*20) 系の端に近いところでは，一般に全体の振る舞いとは異なる振る舞いが見られる．そのような特殊なものではなく，系全体にかかわる振る舞いや性質を表すときに「バルク」といういい方をする．

*21) 1次元の場合は，長さ L の輪を考えればよい．L を十分大きく取れば，地球の表面が人間にとってほぼ平面に見えるように，どの部分もほぼ直線とみなすことができる．

周期的境界条件 (2.52) を波動関数 (2.51) に適用すれば,

$$e^{\pm ikL} = 1 \tag{2.53}$$

が要請され，波数 k は整数 n を用いて

$$k = \pm\frac{2\pi n}{L} \tag{2.54}$$

のように量子化される．整数 n が正も負も 0 も含むと考えれば，右辺の符号は気にしなくてもよい．このようにして，状態は整数 n をパラメータとして離散的に表すことができたわけである．k の正負は，運動量の右向き，左向きに対応しており，状態としては異なるが，エネルギー

$$E = \frac{(\hbar k)^2}{2m} = \frac{(2\pi\hbar)^2}{2mL^2}n^2 \tag{2.55}$$

は，運動量の 2 乗に比例するため，同じになる．これが縮退の最も簡単な例である．

規格化定数は $|\psi|^2$ を x の全領域 (いまの場合，0 から L) にわたって積分したものが 1 になるように決める．波動関数の確率論的解釈では，$|\psi|^2 \mathrm{d}x$ が，$x \sim x + \mathrm{d}x$ の範囲に粒子が存在する確率を与え，それを全領域で積分すれば，領域内のどこかに存在する確率となるので，粒子が存在する限り，積分結果は 1 にならなければならない．上の例では，

$$C = \frac{1}{\sqrt{L}} \tag{2.56}$$

となる．

多粒子系の場合は，個々の粒子について，上と同様の扱いをすれば，粒子 1 から粒子 N のそれぞれに対応して [*22]，整数 $n_1, \ldots, n_N$ が決められ，系全体のエネルギーは

$$E = \frac{(2\pi\hbar)^2}{2mL^2}\sum_{j=1}^{N} n_j^2 \tag{2.57}$$

のように量子化される．エネルギーは n_j の符号には依存しないため，粒子が区別できるものとすれば，少なくとも 2^N 個の状態が縮退していることになる．

---

*22) 粒子数を N で表した．

▶3 次元自由粒子の具体例

次に，現実の系としてより頻繁に登場する 3 次元自由粒子を扱おう．質量 m の 3 次元自由粒子のハミルトニアンは，1 次元系からの類推で，次のように表される．

$$\mathcal{H} = -\frac{\hbar^2}{2m}\left(\frac{\partial^2}{\partial x^2} + \frac{\partial^2}{\partial y^2} + \frac{\partial^2}{\partial z^2}\right). \tag{2.58}$$

したがって，シュレーディンガー方程式は，少し変形して

$$\left(\frac{\partial^2}{\partial x^2} + \frac{\partial^2}{\partial y^2} + \frac{\partial^2}{\partial z^2}\right)\psi(x, y, z) = -\frac{2mE}{\hbar^2}\psi(x, y, z) \tag{2.59}$$

となる．x, y, z に関する微分が別々の項になっていることに着目して，変数分離をしてみよう．すなわち，$\psi(x, y, z) = X(x)Y(y)Z(z)$ とおいて，式 (2.59) に代入してみる．さらに，両辺を $\psi(x, y, z)$ で割ると，次式が得られる．

$$\frac{1}{X(x)}\frac{\mathrm{d}^2 X(x)}{\mathrm{d}x^2} + \frac{1}{Y(y)}\frac{\mathrm{d}^2 Y(y)}{\mathrm{d}y^2} + \frac{1}{Z(z)}\frac{\mathrm{d}^2 Z(z)}{\mathrm{d}z^2} = -\frac{2mE}{\hbar^2}. \tag{2.60}$$

上式で左辺の第 1 項，第 2 項，第 3 項はそれぞれ，x, y, z のみの関数である．それらの和が定数になるということは，それぞれが定数でなければならないことを意味している．そこで，それらの定数を $-k_x^2$, $-k_y^2$, $-k_z^2$ とおけば，$X(x)$, $Y(y)$, $Z(z)$ に対し，1 次元の場合の解 (2.51) と同様の指数関数解が得られる．すなわち，ψ に戻せば，

$$\psi(x, y, z) = C\mathrm{e}^{\pm \mathrm{i}k_x x \pm \mathrm{i}k_y y \pm \mathrm{i}k_z z} \tag{2.61}$$

となる．C は規格化定数である．簡単のため，$k_y = k_z = 0$ の場合を考えると，この波動関数は，x 方向への変位に対してのみ変化し，y, z には依存しない，すなわち $x =$ 定数で表される平面内では一定である．このような波は平面波と呼ばれる．一般の $\boldsymbol{k} = (k_x, k_y, k_z)$ の場合でも，同様に考えて，ベクトル $\boldsymbol{k}$ に垂直な面内で一定であることがわかる ($\boldsymbol{k}$ は波数ベクトルと呼ばれる)．したがって，式 (2.61) で表される波は平面波である．座標ベクトル $\boldsymbol{r} = (x, y, z)$ を導入し，ベクトルの内積を用いて

$$\psi(x, y, z) = C\mathrm{e}^{\mathrm{i}\boldsymbol{k}\cdot\boldsymbol{r}} \tag{2.62}$$

のように表記されるのが普通である．ここでは，便宜上，複号の正のみを用い

ている．$\boldsymbol{k}$ と $\boldsymbol{r}$ が直交すれば $\boldsymbol{k}\cdot\boldsymbol{r}=0$ なので，ψ が定数になることを理解できよう．

1 次元の場合と同様に，x, y, z 方向に，それぞれ周期 L_x, L_y, L_z の周期的境界条件を仮定すると，ベクトル $\boldsymbol{k}$ は，3 つの整数 n_x, n_y, n_z を用いて，次のように量子化される [*23]．

$$\boldsymbol{k}=\left(\frac{2\pi n_x}{L_x},\frac{2\pi n_y}{L_y},\frac{2\pi n_z}{L_z}\right). \tag{2.63}$$

整数の範囲を正に限らなければ，式 (2.61) の複号は気にしなくてもよいことになる．整数の組 (n_x,n_y,n_z) が決まれば，エネルギーは

$$E=\frac{(2\pi\hbar)^2}{2m}\left[\left(\frac{n_x}{L_x}\right)^2+\left(\frac{n_y}{L_y}\right)^2+\left(\frac{n_z}{L_z}\right)^2\right] \tag{2.64}$$

となる．

N 粒子系の場合は，個々の粒子に対して，上の議論を当てはめることによって，エネルギーの量子化は $3N$ 個の整数の組 $(n_{1,x},n_{1,y},n_{1,z},\ldots,n_{N,x},n_{N,y},n_{N,z})$ を用いて，以下のようになる．

$$E=\frac{(2\pi\hbar)^2}{2m}\sum_{j=1}^{N}\left[\left(\frac{n_{j,x}}{L_x}\right)^2+\left(\frac{n_{j,y}}{L_y}\right)^2+\left(\frac{n_{j,z}}{L_z}\right)^2\right]. \tag{2.65}$$

N が大きければ，整数の正負に関するものに限っても，非常に大きな縮退があることが理解できよう．

○波動関数の意味

本書では波動関数を直接扱うことはほとんどないが，量子力学において，波動関数が果たしている役割を理解するために，現在一般的に受け入れられている波動関数の意味を簡単に説明しておこう．波動関数は一般に複素数であり，絶対値である振幅と位相因子からなる．波動関数の絶対値の 2 乗 $|\Psi(\boldsymbol{r},t)|^2$ は時刻 t に粒子が位置 $\boldsymbol{r}$ に存在する確率密度を与える．すなわち，体積要素 $\mathrm{d}\boldsymbol{r}$ をかけたものが領域 $\boldsymbol{r}\sim\boldsymbol{r}+\mathrm{d}\boldsymbol{r}$ に存在する確率を与える．確率の意味を持つためには，波動関数が

[*23] 実用上は，$L_x=L_y=L_z\ (=L)$ の場合を考えれば十分なのであるが，対応関係が明確になるように，しばらくの間，方向による違いを残しておく．

$$\int |\Psi(\boldsymbol{r},t)|^2 \mathrm{d}\boldsymbol{r} = 1 \tag{2.66}$$

のように規格化されていなければならない．シュレーディンガー方程式は線形であるため，波動関数には定数乗数の任意性があり，規格化は常に可能である．$\boldsymbol{r}$ を波動関数とその複素共役で挟んで積分したものは，時刻 t における粒子の位置の期待値を表す．

$$\langle \boldsymbol{r} \rangle = \int \Psi^*(\boldsymbol{r},t)\boldsymbol{r}\Psi(\boldsymbol{r},t)\mathrm{d}\boldsymbol{r} = \int \boldsymbol{r}|\Psi(\boldsymbol{r},t)|^2 \mathrm{d}\boldsymbol{r}. \tag{2.67}$$

同様に，運動量やエネルギーの期待値も次のように計算される．

$$\langle \boldsymbol{p} \rangle = \int \Psi^*(\boldsymbol{r},t)\boldsymbol{p}\Psi(\boldsymbol{r},t)\mathrm{d}\boldsymbol{r}, \tag{2.68}$$

$$E = \int \Psi^*(\boldsymbol{r},t)\mathcal{H}\Psi(\boldsymbol{r},t)\mathrm{d}\boldsymbol{r}. \tag{2.69}$$

一般に，物理量に対応する演算子を挟んで積分すれば，その物理量の期待値が計算できることになる．

2.6 ミクロカノニカル分布で理想気体を扱う

最も簡単な例題として，自由粒子の集まりに対するミクロカノニカル分布を考え，理想気体の状態方程式を導いてみよう．量子力学における状態については，前節で概略を説明したので，ここでは，3 次元 N 粒子系において，同じエネルギーを持つ状態の数をどのように求めればよいか，考えてみよう．特に実用上重要な，$N \gg 1$ の場合の計算方法を述べる．

エネルギー E は前節で述べたように，離散化されているが，ある E に対して，同じ E を持つ N 粒子系の状態の総数を厳密に求めることは面倒なので，微小なエネルギー幅 $\mathrm{d}E$ を導入して [*24]，$E \sim E + \mathrm{d}E$ の範囲にある状態数を計算し，エネルギーがほぼ E である状態の総数と考えることにする．これは，

$$E < \frac{\hbar^2}{2m}\sum_{j=1}^{N} \boldsymbol{k}_j^2 < E + \mathrm{d}E \tag{2.70}$$

を満たす波数ベクトルの組 $\{\boldsymbol{k}_j\}$ の数を数えることを意味する．ここで，$\boldsymbol{k}_j = (k_{j,x}, k_{j,y}, k_{j,z})$ は，式 (2.63) と同様に量子化されているものとする．

[*24] 後でわかるように，$\mathrm{d}E$ の選び方は最後の結果に本質的な影響を与えることはない．

系のサイズが十分に大きい場合に [*25]，このような状態の数の計算をどのように行うかを理解するために，1 次元 1 粒子の場合を考えてみよう [*26]．この場合，条件 (2.70) は

$$E < \frac{\hbar^2}{2m}k^2 < E + \mathrm{d}E \tag{2.71}$$

となる．まず，$k > 0$ の範囲だけを考えて，エネルギー幅 $\mathrm{d}E$ に対する波数の幅 $\mathrm{d}k$ を求めると，

$$\mathrm{d}k = \sqrt{\frac{2m(E+\mathrm{d}E)}{\hbar^2}} - \sqrt{\frac{2mE}{\hbar^2}} \simeq \frac{1}{\hbar}\sqrt{\frac{2m}{E}}\mathrm{d}E \tag{2.72}$$

となる．最後の近似式では $\mathrm{d}E$ が微小であることを用いた．この範囲 $\mathrm{d}k$ に量子化された波数が何個入っているかは，この $\mathrm{d}k$ を $2\pi/L$ で割ることによって求められる．k の負の領域にも同じ数の状態が存在するので，状態数 W は

$$W = 2 \times \frac{L}{2\pi}\mathrm{d}k = \frac{L}{\pi\hbar}\sqrt{\frac{2m}{E}}\mathrm{d}E \tag{2.73}$$

となる．

同様の考え方で，3 次元 N 粒子系を扱えば [*27]，

$$W = \int\cdots\int_{\frac{2mE}{\hbar^2} < \sum_{j=1}^{N} \boldsymbol{k}_j^2 < \frac{2m(E+\mathrm{d}E)}{\hbar^2}} \frac{\mathrm{d}k_{1,x}}{2\pi/L_x}\frac{\mathrm{d}k_{1,y}}{2\pi/L_y}\frac{\mathrm{d}k_{1,z}}{2\pi/L_z}\cdots\frac{\mathrm{d}k_{N,z}}{2\pi/L_z} \tag{2.74}$$

という積分で状態数が計算できることがわかる．これは，$3N$ 次元の拡張され

---

*25) 物理学で大小を論じる場合，必ず何に比べて大きいか小さいかを考えるべきである．L が大きいということは，隣接するエネルギー準位の差が，いま扱っているエネルギー E に比べて十分小さくなることを意味すると考えるのが順当であろう．1 次元の場合を想定すれば，エネルギーに関して次式が成り立つ，

$$|E_{n+1} - E_n| = \frac{(2\pi\hbar)^2}{2mL^2}|2n+1| \ll E_n = \frac{(2\pi\hbar)^2 n^2}{2mL^2},$$

すなわち整数 n の絶対値が 1 に比べて十分大きい場合を考えることに対応している．また，次元解析の立場からも同様の結論を導くことが可能である．エネルギー E に対応する長さの逆数の次元を持つ量は $k = \sqrt{2mE/\hbar^2}$ のように作ることができるが，それと L の積が 1 に比べて十分大きいということが L が大きいということだと考えれば，$kL \gg 1$ から同様の結論 ($|n| \gg 1$) が得られる．

*26) 1 次元 1 粒子の場合は，エネルギーを決めれば，状態数は厳密に 2 となるので，ここでの議論は実用上はあまり意味がないが，3 次元多粒子系における計算を理解することには役立つであろう．

*27) ここは，少々飛躍があるので，わかりにくい場合は，次元や粒子数を徐々に上げていくとよい．

た波数空間において，一定の厚さを持った球殻の体積を計算することに対応する．厚さは，球殻の半径が $\sqrt{2mE/\hbar^2}$ と $\sqrt{2m(E+\mathrm{d}E)/\hbar^2}$ の間にあることから，

$$\mathrm{d}k = \frac{1}{\hbar}\sqrt{\frac{2m}{E}}\mathrm{d}E \tag{2.75}$$

のように計算される ($\mathrm{d}E$ が微小であることは用いられている).

付録 A. 3 で示すように，半径 R の n 次元球の体積 $\Omega_n(R)$ は式 (A.22) で与えられる．球殻の体積は，これを R で微分して厚さをかければ得られる．したがって，上記の W は次のように計算される．

$$W = \left(\frac{V}{2\pi}\right)^N \frac{2\pi^{3N/2}}{\Gamma(3N/2)}\left(\frac{2mE}{\hbar^2}\right)^{3N/2}\frac{\mathrm{d}E}{E}. \tag{2.76}$$

ここで，$V \equiv L_x L_y L_z$ は系の体積である．これで，エネルギー E を持つ量子力学的状態数が求められたわけであるが，粒子が区別できない場合にはちょっとした補正が必要になる．簡単のため，3 つの粒子があって，粒子 1, 2, 3 がそれぞれ波数ベクトル $\boldsymbol{k}_1$, $\boldsymbol{k}_2$, $\boldsymbol{k}_3$ の状態を取るものとする．粒子が区別できなければ，1, 2, 3 の粒子が，それぞれ $\boldsymbol{k}_2$, $\boldsymbol{k}_1$, $\boldsymbol{k}_3$ の状態を取る状態も，系全体の状態としては区別できないので異なる状態と考えるべきではないことになる．このような等価な状態の数は 3! 個存在している．上で求めた W の計算では，このような等価な状態の存在を考えていないので，状態数を数えすぎていることになる．これを補正するためには，3 個の粒子の場合の例からもわかるように，$N!$ で割ってやればよいことになる *28)．したがって，ミクロカノニカル分布で用いるべき状態数は

$$W = \frac{1}{N!}\left(\frac{V}{2\pi}\right)^N \frac{2\pi^{3N/2}}{\Gamma(3N/2)}\left(\frac{2mE}{\hbar^2}\right)^{3N/2}\frac{\mathrm{d}E}{E} \tag{2.77}$$

で与えられる．ミクロカノニカル分布におけるエントロピー S は，式 (2.31) に (2.77) の W を代入することで得られる．N が十分に大きいとして，最も粗いスターリングの公式 $N! \simeq N^N$ および $\Gamma(3N/2) \simeq (3N/2)^{(3N/2)}$ を用いることにすれば，上式は次のように書き換えられる．

*28) ここでは，相互作用のない自由粒子のみを扱っているため，1 体のシュレーディンガー方程式の範囲内で議論したが，粒子の対称性を考慮した多体の波動関数を用いれば，$1/N!$ の因子は自動的に導入される．量子論を詳しく述べることは本書の目的から外れるので，説明は省く．

$$S = k_{\mathrm{B}}N\left\{\ln\frac{V}{2\pi N} + \frac{3}{2}\ln\frac{4mE}{3N\hbar^2} + \frac{1}{N}\ln\frac{\mathrm{d}E}{E}\right\}. \tag{2.78}$$

右辺{ }内の第3項は，ほかの2項に比べ非常に小さくなるので，以下では無視する[*29]．ミクロカノニカル分布の処方箋に従い，温度を式(2.32)の1段目によって導入すれば

$$\frac{1}{T} = \frac{3}{2}\frac{k_{\mathrm{B}}N}{E} \tag{2.79}$$

となり，マクスウェル分布から得られるエネルギーの等分配則(2.12)が得られる．また，式(2.78)がSをV, E (Nは固定して考える)の関数として決めていることに注意し，(内部)エネルギーEの体積Vに関する偏微分を計算すると，式(1.36)に従って，圧力Pが得られる．

$$\begin{aligned} P &= -\left(\frac{\partial E}{\partial V}\right)_S \\ &= \frac{1}{(\partial S/\partial E)_V\,(\partial V/\partial S)_E} \\ &= T\left(\frac{\partial S}{\partial V}\right)_E \\ &= \frac{Nk_{\mathrm{B}}T}{V}. \end{aligned} \tag{2.80}$$

1段目から2段目へは付録A.1の式(A.7)の関係式を用い，2段目から3段目へは，温度の定義式(2.32)を用いた．最後の結果は，理想気体の状態方程式にほかならない．

式(2.31)で$\ln W$の係数を，特に説明せずにボルツマン定数k_{B}としたが[*30]，最後の結果を見る限り，この選択は熱力学とは矛盾しないことが理解できよう．以下では，ボルツマンの関係式に現れる係数はボルツマン定数であるとして，話を進めることにする．

ここでの議論は，少々面倒な計算を含んでいるので，必ずしも完全には理解

[*29] Wを計算するとき，$\mathrm{d}E$は少々いい加減に設定したが，Nが十分大きければ，$\mathrm{d}E$の選び方は最終結果に影響しないことがわかる．

[*30] ボルツマンのH定理とエントロピーを結びつける議論では，係数がボルツマン定数になるかどうかまでは決められなかったことに注意せよ．歴史的にはボルツマンが導入した係数が，後に気体定数Rとアボガドロ数N_{A}によって表される定数$k_{\mathrm{B}} = R/N_{\mathrm{A}}$にほかならないことが理解されるようになったという方が適切であろう．

できないかもしれないが，あまり気にする必要はない．大切なことは，統計力学的議論によって，理想気体の熱力学，状態方程式が基礎づけられるという事実を認識することである．

○古典力学における $\boldsymbol{W}$ の計算

参考のために，古典力学の範囲内で W を計算する方法について述べておこう．古典力学では，状態の量子化はないので，相空間における微小な体積 a^N(1 粒子の場合は a) のセル (細胞) を仮想的に考え，1 つの状態に対応させるのが普通である[5]．エネルギーを厳密に固定すると相空間内での "体積" が 0 になってしまうため [*31]，微小な幅 $\mathrm{d}E$ を仮定して，$E \sim E + \mathrm{d}E$ のエネルギー領域を考える．したがって，粒子が区別できないことを考慮すれば W は次のように計算される．

$$
\begin{aligned}
W &= \frac{1}{N!a^N} \int \mathrm{d}\boldsymbol{r}_1 \cdots \mathrm{d}\boldsymbol{r}_N \int_{E<\sum_i^N \boldsymbol{p}_i^2/2m<E+\mathrm{d}E} \mathrm{d}\boldsymbol{p}_1 \cdots \mathrm{d}\boldsymbol{p}_N \\
&= \frac{V^N}{N!a^N} \frac{2\pi^{3N/2}}{\Gamma(3N/2)} (2mE)^{3N/2} \frac{\mathrm{d}E}{E}. \qquad (2.81)
\end{aligned}
$$

ここで，V^N は N 個の空間積分の結果として得られ，また，最後の段階では，式 (2.76) におけると同様，$3N$ 次元の球殻の体積の公式を用いた．式 (2.81) と (2.76) を比較すると，仮想的に設けたセルの大きさは，$a^N = (2\pi\hbar)^{3N}$ とすれば量子力学的計算と古典的計算が矛盾しないことがわかる．

---

*31) エネルギーを固定するということは，相空間内の座標，運動量の間に一定の関係をつけることになり，その条件を満たす部分は，相空間内では "面" になる．3 次元でも立方体の面の体積は 0 であるように，相空間内での体積としては，面の体積は 0 になるのである．

3 いろいろな自由エネルギーと熱力学関係式

熱力学には状況に応じて，いろいろな自由エネルギーが登場する，それらは熱力学変数の関数になっているので，熱力学関数と呼ばれる関数群に属する．また，それらの関数に関連して，熱力学の基本法則に基づいたいろいろな関係式が知られている．本章ではそれらをまとめておこう．

3.1 熱力学環境と自由エネルギー

まず，温度一定の条件下で，熱量 ΔQ を吸収して，外部に仕事をする熱機関を考えてみよう．このとき，熱機関の (熱力学的) 状態が A から B に変化したものとし，各状態の内部エネルギーを $U_{\rm A}, U_{\rm B}$，エントロピーを $S_{\rm A}, S_{\rm B}$ で表すことにすれば，エネルギーの収支は

$$U_{\rm B} - U_{\rm A} = \Delta Q - \int_{\rm A}^{\rm B} P{\rm d}V \tag{3.1}$$

で与えられる．ここでは，熱力学の第 1 法則 (1.33) が用いられている．さらに，熱力学第 2 法則 (1.32) に注意すれば，

$$U_{\rm B} - U_{\rm A} \leq (S_{\rm B} - S_{\rm A})T - \int_{\rm A}^{\rm B} P{\rm d}V \tag{3.2}$$

が成り立つことがわかる．等号が成り立つのは，可逆変化の場合である．系が外部に及ぼす力学的仕事 W は，体積が膨張することによると考えられるので，式 (3.2) を次のように書き換えることができる．

$$W = \int_{\rm A}^{\rm B} P{\rm d}V \leq U_{\rm A} - U_{\rm B} + (S_{\rm B} - S_{\rm A})T. \tag{3.3}$$

図 3.1 ヘルマン・フォン・ヘルムホルツ 1821 年プロイセン時代のポツダムに生まれ，医学・生理学の分野で学位を取得し，軍医として活動した時期もある．後に化学・物理学の分野に研究領域を広げ，特に熱力学に関して大きな貢献を残した．

エネルギーの次元を持つ量 $F = U - ST$ を導入すれば，

$$W \leq -(F_{\mathrm{B}} - F_{\mathrm{A}}) \tag{3.4}$$

となる．これは，外部になすことのできる最大の仕事量は，F の減少分に等しいことを意味している．すなわち，F で表されるエネルギーが，外部への仕事として，取り出され，利用できることを表しているのである．この F はドイツの物理学者ヘルムホルツ (Hermann Ludwig Ferdinand von Helmholtz, 1821–1894) によって，**自由エネルギー** (free energy) と名づけられた．後で登場するギブスの自由エネルギーと区別して，**ヘルムホルツの自由エネルギー**と呼ばれることが多い．

熱力学では複数の変数が互いに絡み合っているので，何を独立変数とするかは，ある程度自由である．しかしながら，エネルギー関数については，自然な独立変数がそれぞれ存在している．例えば，内部エネルギーの場合，微分が式 (1.34) のように書かれるということは，U がエントロピー S と体積 V の関数であると考えるのが自然であることを意味している [*1]．そこで，上で導入された F の微分を考えてみよう．

$$\begin{aligned}\mathrm{d}F &= \mathrm{d}U - \mathrm{d}(ST) \\ &= T\mathrm{d}S - P\mathrm{d}V - (T\mathrm{d}S + S\mathrm{d}T) \\ &= -S\mathrm{d}T - P\mathrm{d}V.\end{aligned} \tag{3.5}$$

[*1] もちろん，このことはそのように考えなければならないということではない．場合によっては，U を温度 T と体積 V の関数と考えてもよいのである．実際，定積比熱を考える場合には，そのように扱う．

この結果は，F の自然な独立変数が T と V であることを示している．U と F を比較すれば，独立変数の S と T が入れ替わったことになる．このように，独立変数を入れ替えることをルジャンドル変換という．ルジャンドル変換をするには，入れ替えたい変数の積を，もとの関数に加えたり，もとの関数から差し引いたりすればよい．加えるか，差し引くかは状況による．F と U の関係は，まさにルジャンドル変換になっていることがわかるであろう [*2]．温度一定の場合には $\mathrm{d}T = 0$ となり，F は体積だけの関数となる．

次に，外から系に加える圧力を制御して，一定に保った状況を考えてみよう．U からルジャンドル変換をして，独立変数が S と P になるようにしたエネルギー関数 H を

$$H = U + PV \tag{3.6}$$

によって導入しよう．この量は系が保有する熱エネルギーとしての意味を持っている．このことは，熱力学の第 1 法則 (1.33) と H の微分の定圧下における値

$$\mathrm{d}H = \mathrm{d}U + P\mathrm{d}V + V\mathrm{d}P = \mathrm{d}U + P\mathrm{d}V \quad (\mathrm{d}P = 0) \tag{3.7}$$

とを比較すれば，理解されよう．まさしく $\mathrm{d}H$ は，外部から系が受け取る熱量に等しいことがわかるからである．H は**エンタルピー** (enthalpy) と呼ばれる．この言葉はギリシャ語で加熱を意味するエンタルポス (enthalpos, $\varepsilon\nu\theta\alpha\lambda\pi o\zeta$) が語源で，ヘリウムの液化や超伝導の発見など低温物理の研究で有名なオランダのカマリン・オネス (Heike Kamerlingh Onnes, 1853–1926) が最初に導入した．一般的に，$\mathrm{d}U$ が式 (1.34) のように表されることに注意すれば，

$$\mathrm{d}H = T\mathrm{d}S + V\mathrm{d}P \tag{3.8}$$

であることが示される．この式は，H に対する自然な独立変数が S と P であることを意味している．

ここまでくれば，温度と圧力を自然な独立変数とする自由エネルギーに到達するのは必然であろう．ヘルムホルツ自由エネルギー F あるいはエンタルピー H から，さらにルジャンドル変換を施すことによって，**ギブスの自由エネルギー**

[*2] 力学でよく知られたルジャンドル変換の例は，ラグランジアンとハミルトニアンの関係である．前者は速度と位置の関数であり，後者は運動量と位置の関数となる．

G を定義することができる.

$$G = F + PV = U - ST + PV = H - ST. \tag{3.9}$$

名称からも想像できるように，この自由エネルギーは最初にギブスによって導入された．式 (3.9) の微分を求めてみると

$$\mathrm{d}G = \mathrm{d}F + (P\mathrm{d}V + V\mathrm{d}P) = -S\mathrm{d}T + V\mathrm{d}P \tag{3.10}$$

となり，確かに，自然な独立変数は T と P である.

3.2 化学ポテンシャル

これまでは，混乱を避けるため，系内の物質量には変化がないことを暗黙のうちに仮定して話を進めてきた．しかし，化学反応系や外界との間でエネルギーのみならず物質もやり取りする解放系を扱う場合には，その仮定を外さなければならなくなる．化学反応系や混合系の研究で，ギブスが導入した重要な概念に，“化学ポテンシャル” がある．これは系に当該物質の 1 分子 (1 粒子) をつけ加えるときに必要な最小のエネルギーとして定義される．一般に，濃度の高い場合ほど化学ポテンシャルは大きくなり，さらに物質をつけ加えるためにはより大きなエネルギーが必要となる．また，化学ポテンシャルの異なる系を接触させて物質の流れを可能にすると，化学ポテンシャルの大きい部分から小さい部分に物質の自発的流れが生じ，そのエネルギー差に当たるエネルギーを外部に取り出すことができる.

化学ポテンシャルは普通 μ という記号で表され，エネルギーの次元を持っている．気体の場合で考えれば，分子数の変化 $\mathrm{d}N$ が起こる場合，前節で扱った自由エネルギーなどの微分の式に $\mu\mathrm{d}N$ という項をつけ加えればよい [*3]．すなわち，物質量の変化までも含めた微分の表現は内部エネルギー U，ヘルムホルツの自由エネルギー F，ギブスの自由エネルギー G，エンタルピー H のそれぞれに対し，以下のようになる.

$$\mathrm{d}U = T\mathrm{d}S - P\mathrm{d}V + \mu\mathrm{d}N, \tag{3.11}$$

[*3] このことは，上で述べた化学ポテンシャルの定義から明らかであろう.

$$dF = -SdT - PdV + \mu dN, \tag{3.12}$$

$$dG = -SdT + VdP + \mu dN, \tag{3.13}$$

$$dH = TdS + VdP + \mu dN. \tag{3.14}$$

化学反応系や混合系で分子種 (物質種) が複数ある場合には，分子種ごとの化学ポテンシャル $\{\mu_i\}$，分子種ごとの分子数 $\{N_i\}$ を考えて，

$$\mu dN \to \sum_i \mu_i dN_i \tag{3.15}$$

のように置き換えればよい．

3.3　熱力学的な系の安定条件

熱力学的な系が安定であるかどうかは，自然な (自発的な) 変化が起こるか起こらないかによって判定される．自発的な変化の方向を定める基礎となるのは，熱力学の第 2 法則 (エントロピー増大の法則) である [*4]．

以下では，簡単のため系の物質量に関しては変化がないものとして議論を進めよう．したがって，$dN = 0$ なので，化学ポテンシャルの項は最初から無視しておく．安定条件は，系がどのような環境下にあるかによって異なってくる．まず，熱力学の第 2 法則を不等式で表すと

$$\delta Q \leq TdS \to dU + PdV \leq TdS \tag{3.16}$$

となる．右側の不等式を書き下す際，熱力学の第 1 法則 (1.33) を用いた．

孤立系 (熱的にも物質的にも外界から孤立している系) の場合は，外界からの熱の流入はないので，$\delta Q = 0$ であり，

---

*4)　これまで，混乱を避けるため，あえて触れないできたが，力学における運動方程式や量子力学におけるシュレーディンガー方程式などミクロな系を記述する方程式には時間反転対称性があり，時間を反転しても法則そのものは不変で，可逆性を有しているのに，多くの自由度が存在する熱力学的な系では，ボルツマンの H 定理で表されるような不可逆性が生じるのは，なぜなのかという疑問は，現在においても明確に解明されているわけではない．ボルツマン方程式も，いくつかの仮定や近似のもとで成り立つということがわかっており，ミクロから厳密な導出で，熱力学の第 2 法則を証明することは，まだできていない．「覆水盆に返らず」というような不可逆性の根源がどこにあるかという問題の解決は今後の研究に譲らざるをえない．それでも，経験則としてのエントロピー増大の法則は厳然として存在している．

$$\mathrm{d}S \geq 0 \tag{3.17}$$

となる．この不等式は，自然な変化が，エントロピー増大の方向であり，(それ以上エントロピーが増大できない) エントロピー最大の状態が熱力学的に安定であることを意味している．

例題3.3-1 系が熱浴に接していて，温度が一定に保たれている場合の安定条件を求めよ．

[解答] 温度一定の状況を扱うために，U と F の関係 $U = F + TS$ を利用して，不等式 (3.16) を次のように書き換える．

$$\mathrm{d}F + S\mathrm{d}T \leq -P\mathrm{d}V\,(= \delta W). \tag{3.18}$$

ここで，右辺は外界が系に及ぼす仕事と考えることができる．定温条件 $\mathrm{d}T = 0$ を考慮すれば，

$$\mathrm{d}F \leq \delta W \tag{3.19}$$

となり，このことは，F を増すためには，その増分を上回る仕事が外部から与えられなければならないことを意味している [*5]．特に定温 ($\mathrm{d}T = 0$)，定積 ($\mathrm{d}V = 0$) の条件下で，外部からの仕事もない場合は，

$$\mathrm{d}F \leq 0 \tag{3.20}$$

となり，自然な変化はヘルムホルツの自由エネルギーの減少する方向であって，安定な状態は F が最小の状態であることがわかる． ■

例題3.3-2 定温・定圧の条件下での安定条件を導け．

[解答] 定温・定圧下での安定状態を考えるために，F と G の関係 $F = G - PV$ を用いて，不等式 (3.18) を書き換えると

$$\mathrm{d}G - V\mathrm{d}P + S\mathrm{d}T \leq 0 \tag{3.21}$$

となる．定温・定圧なので $\mathrm{d}T = 0, \mathrm{d}P = 0$ であり，

[*5] 式 (3.4) はこの不等式を逆にして，$-\delta W \geq -\mathrm{d}F$ と表すことに対応している．$-\delta W$ が外部に与える仕事，$-\mathrm{d}F$ が自由エネルギーの減少分になる．

$$\mathrm{d}G \le 0 \tag{3.22}$$

が成り立つ．したがって，この場合の安定状態はギブスの自由エネルギーが最小になる状態である．■

▶安定条件から導かれるいろいろな不等式

安定条件から派生して，熱力学的な諸量の間に成り立つ不等式を導くことができる．例えば，定温条件下で F が最小になるという安定条件からは以下で示すような不等式が導かれる．不等式を導く準備として，定温条件下における体積と粒子数の仮想的な変化 ΔV と ΔN を考え，ヘルムホルツの自由エネルギー F の変化分 ΔF を計算してみよう (T 一定なので，温度変数は省いておく)[*6]．

$$\begin{aligned}\Delta F &= F(V+\Delta V, N+\Delta N) - F(V,N)\\ &= \frac{\partial F}{\partial V}\Delta V + \frac{\partial F}{\partial N}\Delta N + \frac{1}{2}\frac{\partial^2 F}{\partial V^2}(\Delta V)^2\\ &\quad + \frac{\partial^2 F}{\partial V \partial N}(\Delta V)(\Delta N) + \frac{1}{2}\frac{\partial^2 F}{\partial N^2}(\Delta N)^2.\end{aligned} \tag{3.23}$$

ここで，ΔV と ΔN に関して 3 次以上の項は無視してある．仮想変化の具体的内容は，熱平衡状態のまわりでの熱的ゆらぎのようなものを考えればよい．熱的ゆらぎの平均 $\langle \Delta V \rangle$, $\langle \Delta N \rangle$ は消えるが，2 乗平均 $\langle (\Delta V)^2 \rangle$, $\langle (\Delta N)^2 \rangle$ は，一般に消えないことに注意する．平衡状態で F が最小であるということは，仮想的な変化に対し，熱的な平均を行っても必ず F が増えてしまうことを意味する．このことは，式 (3.23) の 2 次の項が正値確定 (positive definite) でなければならないことを意味する．すなわち，どのような ΔV, ΔN に対しても (微小である限り)，2 次の項が正になる必要がある．$x = \Delta V$, $y = \Delta N$ とおけば，式 (3.23) の 2 次の項は，

$$\begin{aligned}f_2(x,y) &= A_{11}x^2 + 2A_{12}xy + A_{22}y^2\\ &= (x,y)\begin{pmatrix} A_{11} & A_{12} \\ A_{21} & A_{22} \end{pmatrix}\begin{pmatrix} x \\ y \end{pmatrix}\end{aligned} \tag{3.24}$$

のように表される．$A_{11} = \frac{1}{2}(\partial^2 F/\partial V^2)$ などの関係は自明であろう．便宜上

[*6] 普通に ΔV と ΔN に関してテーラー展開を行えばよい．

$A_{21}=A_{12}$ を導入した．一般に，2 次の項だけからなる関数を 2 次形式と呼ぶが，これが正値確定であるためには，対称行列 (A_{ij}) の固有値がすべて正であることが必要十分な条件となる．このことは，行列 (A_{ij}) を対角化する直交行列 (U_{ij}) を求めて [*7]，UU^{-1} $(=I$，単位行列) を行列とベクトルの間に挿入することで,確かめることができる．行列の固有値は，固有値方程式から導かれる固有値 λ に対する永年方程式

$$\begin{vmatrix} A_{11}-\lambda & A_{12} \\ A_{21} & A_{22}-\lambda \end{vmatrix} = \lambda^2-(A_{11}+A_{22})\lambda+A_{11}A_{22}-A_{12}^2=0 \quad (3.25)$$

を解くことによって，次のように求められる．

$$\lambda=\frac{1}{2}\left\{A_{11}+A_{22}\pm\sqrt{(A_{11}-A_{22})^2+4A_{12}^2}\right\}. \quad (3.26)$$

この結果から，すべての固有値が正となる条件は

$$A_{11}+A_{22}>\sqrt{(A_{11}-A_{22})^2+4A_{12}^2} \quad (3.27)$$

のように表されることがわかる．右辺は正なので，左辺も正でなければならない．両辺が正なので，2 乗しても不等式の関係は変わらないことに注意すれば，上の条件 (3.27) は

$$A_{11}A_{22}>A_{12}^2 \quad (3.28)$$

のように書き換えることが可能である．右辺は正なので，左辺も正，したがって A_{11} と A_{22} は和も積もともに正となり，それぞれが正でなければならないことがわかる．これらの結果を，熱力学変数に戻して書き直せば，

$$\frac{\partial^2 F}{\partial V^2}=-\left(\frac{\partial P}{\partial V}\right)_{T,N}>0 \quad (3.29)$$

$$\frac{\partial^2 F}{\partial N^2}=\left(\frac{\partial \mu}{\partial N}\right)_{T,V}>0 \quad (3.30)$$

$$-\left(\frac{\partial P}{\partial V}\right)_{T,N}\left(\frac{\partial \mu}{\partial N}\right)_{T,V}>\left(\frac{\partial^2 F}{\partial N\partial V}\right)^2=\left(\frac{\partial P}{\partial N}\right)^2=\left(\frac{\partial \mu}{\partial V}\right)^2 \quad (3.31)$$

となる．ここで，$(\partial F/\partial V)_{T,N}=-P$, $(\partial F/\partial N)_{T,V}=\mu$ などの関係を用いた．

[*7] この直交行列を求めるには，行列 (A_{ij}) の固有ベクトルを求めればよいのであるが，詳細は数学や物理数学に譲ることにして，ここでは立ち入らない．

また，不等式 (3.31) では，3.7 節で説明するマクスウェルの関係式が用いられている．不等式 (3.29) は

$$\kappa_T = -\frac{1}{V}\left(\frac{\partial V}{\partial P}\right)_{T,N} \tag{3.32}$$

で定義される等温圧縮率 κ_T (あるいはその逆数である等温体積弾性率) が正であることを意味し，不等式 (3.30) は，化学ポテンシャルが粒子数の増加関数であることを意味している．不等式 (3.31) の場合は，わかりやすい観測量と結びついていない．不等式 (3.29) と (3.30) は，ここで示したような面倒な議論をしなくても，式 (3.23) の 2 次の項で，それぞれ，$\Delta V \neq 0, \Delta N = 0$ あるいは $\Delta V = 0, \Delta N \neq 0$ の場合を考えれば示せることに注意しておこう．ここでは，より一般的な議論に応用できるような考え方を学ぶため，少々面倒な議論を説明した．

例題3.3-3 熱力学第 2 法則に基づいて，定積熱容量および断熱圧縮率が正でなければならないことを導け．

[解答]　エントロピー S，内部エネルギー U および体積 V の仮想変化を，それぞれ，$\Delta S, \Delta U, \Delta V$ としよう．簡単のため粒子数 N の変化は無視する．熱力学第 1 法則，第 2 法則によれば，熱量 ΔQ を外部から加えた場合に現実に起こる変化では，$T\Delta S \geq \Delta Q = \Delta U + P\Delta V$ である．したがって，安定な平衡状態のまわりで自発的な変化が起こらないためには，

$$T\Delta S < \Delta U + P\Delta V \tag{3.33}$$

が成り立たなければならない．平衡のまわりの 1 次の変化分については不等式 (3.33) の両辺が等しくなるので，1 次の項は打ち消し合い，少なくとも 2 次の変化分について不等号が成り立つことになる．U を S と V の関数とみなして，2 次の変化分を計算すれば，それが $\Delta S, \Delta V$ によらず正であることが安定条件となる．具体的に式で表せば，

$$\begin{aligned}(\Delta U)_{2\,次} &= \frac{1}{2}\frac{\partial^2 U}{\partial S^2}(\Delta S)^2 + \frac{\partial^2 U}{\partial S \partial V}\Delta S \Delta V + \frac{1}{2}\frac{\partial^2 U}{\partial V^2}(\Delta V)^2 \\ &= \frac{1}{2}\left(\frac{\partial T}{\partial S}\right)_V (\Delta S)^2 + \left(\frac{\partial T}{\partial V}\right)_S \Delta S \Delta V - \frac{1}{2}\left(\frac{\partial P}{\partial V}\right)_S (\Delta V)^2\end{aligned}$$

$$= \frac{1}{2}\frac{T}{C_V}(\Delta S)^2 + \left(\frac{\partial T}{\partial V}\right)_S \Delta S \Delta V + \frac{1}{2}\frac{1}{V\kappa_S}(\Delta V)^2$$
$$> 0 \tag{3.34}$$

となる．ここで，$C_V = T(\partial S/\partial T)_V$ は定積熱容量，$\kappa_S = -V^{-1}(\partial V/\partial P)_S$ は断熱圧縮率である．特に，$\Delta V = 0$ の場合を考えれば，$(\Delta S)^2$ の項が正，すなわち定積熱容量が正であることが導かれる．また，$\Delta S = 0$ の場合を考えれば，$(\Delta V)^2$ の項が正，すなわち断熱圧縮率が正であることが示される．不等式 (3.28) に対応する条件から，等温圧縮率 κ_T と定積熱容量 C_V の積が正であることを示すことができるが，詳細は省略する[4)]． ■

3.4 示量性変数と示強性変数

熱力学変数には，系の大きさ (体積や粒子数) に比例して変化するものと，系の大きさにかかわらない質的な特性を表すものがある．前者は**示量性変数** (extensive variable)，後者は**示強性変数** (intensive variable) と呼ばれる．示量性変数には，内部エネルギー U，ヘルムホルツの自由エネルギー F，ギブスの自由エネルギー G，エンタルピー H，エントロピー S，体積 V，粒子数 N などがある．示強性変数の例は温度 T，圧力 P，化学ポテンシャル μ などであるが，示量性変数を体積で割って単位体積当たりにしたいろいろな量の密度，あるいは粒子数で割って，1 粒子当たりの量に直したものも示強性変数に含まれる．

示量性，示強性の概念は，熱力学を考える上でしばしば重要な役割を果たす．例えば，ギブスの自由エネルギー G は温度 T，圧力 P，粒子数 N の関数とみなすことができ，G と N が示量性変数，T と P が示強性変数であることに注意すれば，系の粒子数を λ 倍したときの関係式

$$G(T, P, \lambda N) = \lambda G(T, P, N) \tag{3.35}$$

が導かれる．この両辺を λ で微分してみよう (左辺の微分では，λN で微分してから，λN を λ で微分したものをかける)．

$$N\frac{\partial G(T, P, \lambda N)}{\partial(\lambda N)} = G(T, P, N). \tag{3.36}$$

左辺の偏微分は示強性変数 μ に等しく，λ にはよらないので [*8)]，

$$G(T, P, N) = \mu N \tag{3.37}$$

が導かれる．一般に，化学ポテンシャル μ は T, P, N の関数である [*9)]．これをもとに，ルジャンドル変換を駆使すれば，以下の表式が得られる．

$$F = -PV + \mu N, \tag{3.38}$$

$$H = ST + \mu N, \tag{3.39}$$

$$U = ST - PV + \mu N. \tag{3.40}$$

これらの表式は，ルジャンドル変換に頼らず，示量性，示強性の議論だけから，直接導くことも可能である．その際は，系を λ 倍したときの関係式

$$F(T, \lambda V, \lambda N) = \lambda F(T, V, N), \tag{3.41}$$

$$H(P, \lambda S, \lambda N) = \lambda H(P, S, N), \tag{3.42}$$

$$U(\lambda S, \lambda V, \lambda N) = \lambda U(S, V, N) \tag{3.43}$$

を利用する．

例題3.4-1 関係式 (3.41)〜(3.43) を用いて，ルジャンドル変換に頼らず，直接に表式 (3.38)〜(3.40) を導け．

[解答] 式 (3.41)〜(3.43) の両辺を λ で微分すると (便宜上，左右を入れ替えて表記)，

$$F(T, V, N) = -VP(T, \lambda V, \lambda N) + N\mu(T, \lambda V, \lambda N), \tag{3.44}$$

$$H(P, S, N) = ST(P, \lambda S, \lambda N) + N\mu(P, \lambda S, \lambda N), \tag{3.45}$$

---

*8) このことは，必ずしも μ が N によらないということを意味するわけではない．確かに，後述のギブス–デューエムの関係式からは，μ を T と P だけの関数とみなせるように見えるかもしれないが，これは T, P, N を独立変数として選んだ場合の結果であり，T, V, N を独立変数に選べば，μ は密度 N/V に依存してもよいのである．したがって，前節の式 (3.30) とギブス–デューエムの関係式は矛盾するものではない．

*9) 上の脚注で述べたように，(ギブス–デューエムの関係式により) 1 成分系の場合には，μ を T と P だけの関数とみなすことができるのであるが，ここでは，一般的に N も含めておく．

$$U(S,V,N) = ST(\lambda S,\lambda V,\lambda N) - NP(\lambda S,\lambda V,\lambda N) \\ +N\mu(\lambda S,\lambda V,\lambda N), \tag{3.46}$$

となる．P, T, μ はそれぞれ示強性変数なので λ 依存性を無視することができる．そこで，変数内で $\lambda = 1$ とおけば，式 (3.38)〜(3.40) が得られる．■

内部エネルギーを含む自由エネルギーの表式は，対となる 2 変数の積の和になっている．このように，積がエネルギーの次元を持つ変数の対は互いに共役 (conjugate) であるという．上の例では，圧力と体積，エントロピーと温度，化学ポテンシャルと粒子数がそれぞれ，共役である．

ここでは，1 成分系を想定して説明したが，系に複数の分子種が存在する場合に拡張することは難しくない．分子種 i の化学ポテンシャルを μ_i，分子数 (粒子数) を N_i とすれば [*10)]

$$G(T,P,\{N_i\}) = \sum_i \mu_i N_i \tag{3.47}$$

などとなる．

▶ギブス–デューエムの関係式

上で求めたギブスの自由エネルギーの表式から，熱力学における重要な関係式の 1 つが導かれる．熱力学の基本法則から得られるギブスの自由エネルギーの微分に対する関係式

$$\mathrm{d}G = V\mathrm{d}P - S\mathrm{d}T + \sum_i \mu_i \mathrm{d}N_i \tag{3.48}$$

と，式 (3.47) を微分して得られる関係式

$$\mathrm{d}G = \sum_i (\mu_i \mathrm{d}N_i + N_i \mathrm{d}\mu_i) \tag{3.49}$$

を結びつければ

$$V\mathrm{d}P - S\mathrm{d}T = \sum_i N_i \mathrm{d}\mu_i \tag{3.50}$$

が導かれる．この関係式は，示強性変数の微分だけを含み，係数はすべて示量

---

*10)　各 N_i が示量性変数になる．式 (3.47) を導出するための議論は，本質的に例題 3.4-1 でやったことと同じである．

性変数になっていることが特徴であり，ギブス–デューエムの関係式 (Gibbs–Duhem relation) と呼ばれる [*11)]．簡単のため，1 成分系の場合を考えれば，式 (3.50) は次のように書き換えることができる．

$$\mathrm{d}\mu = \frac{V}{N}\mathrm{d}P - \frac{S}{N}\mathrm{d}T. \tag{3.51}$$

この式には示強性変数しか含まれておらず，示強性変数は示強性変数のみに依存するという重要な結論が得られたことになる．また，定温，定圧条件下では式 (3.50) から

$$\sum_i N_i \mathrm{d}\mu_i = 0 \tag{3.52}$$

が導かれ，多成分系における平衡条件に関して重要な関係式になる (第 5 章参照)．

3.5 温度が一定である系の統計力学

系が熱浴に接していて，温度が一定に保たれているとき，ミクロに見れば，熱浴と系の間にエネルギーの出入りがあるため，エネルギーはゆらいでおり，エネルギー一定のミクロカノニカル分布を使うことができない．エネルギーが異なる状態の実現確率を考えなければならないのである．本書の目的は熱力学を論じることにあり，統計力学の学習が主たる目的ではないので，詳細は省略するが，熱浴 (考えている系に比べ，十分大きな自由度を持つ系) と対象とする系を合わせた全系を孤立系として扱い，ミクロカノニカル分布を適用することによって，対象とする系の状態 n の実現確率 f_n が，状態 n のエネルギー E_n を用いて

$$f_n \propto \exp\left(-\frac{E_n}{k_\mathrm{B}T}\right) = \mathrm{e}^{-\beta E_n} \quad \left(\beta \equiv \frac{1}{k_\mathrm{B}T}\right) \tag{3.53}$$

のようになることを示すことが可能である [*12)]．温度 T は，熱浴の温度と考え

---

*11) 表式 (3.37) や (3.47) そのものをギブス–デューエムの関係式と呼ぶ場合もあるが[2]，通常は微分形の方の関係式を指す[5,7]．デューエム (Pierre Duhem, 1861–1916) はフランスの物理学者，科学哲学者，歴史学者であり，ギブスの統計力学関連の著作をフランスに導入したことでも知られる．

*12) ここで，状態を指数 n で表したが，この状態は多粒子系の状態であり，一般には多くの量子数の組によって定められるものである．状態の指数は，それらの量子数の組を表すものと考えるべきである．

てもよいし，対象とする系を含めた全系の温度と考えてもよい．全系において，対象とする系の占める自由度が十分小さければ，その 2 つの温度の違いは無視できる．

式 (3.53) の導出は，統計力学の教科書[5] に譲るが，f_n は規格化条件 (すべての状態に関する和が 1 になる，すなわち，系の全状態のうち，いずれかが実現する確率は 1 である) を考慮すれば，

$$f_n = \frac{1}{Z}\mathrm{e}^{-\beta E_n} \quad \left(Z = \sum_n \mathrm{e}^{-\beta E_n} \right) \tag{3.54}$$

となる．この分布は，**カノニカル分布** (**正準分布**) と呼ばれ，温度一定の系の統計力学を扱う際の基本となるものである．規格化定数の分母 Z は**分配関数**と呼ばれる．

熱浴 (heat bath，熱溜め (heat reservoir) と呼ばれることもある) という概念はあまり馴染みがないかもしれないが，我々が入るお風呂のようなものと考えればよい．大量のお湯が入れられたバスタブに入れば，お湯から熱を吸収して，我々の体温も湯温とほぼ同じになるが，お湯の温度の減少は無視することができる．カノニカル分布の具体的適用例としては，温度一定の水に漬けた金属容器に閉じ込められている気体などを想定すればよいであろう．水を入れた大きな容器が，バスタブのような役割をするので熱浴と呼ばれるのである．実際，物質の諸性質の温度依存性を実験で測定する場合に，対象物質を (大量の) 液体窒素や液体ヘリウムの中に漬けて測定することは，よく行われている．

内部エネルギー E*13) は E_n の期待値として定義することができる．

$$\begin{aligned} E &= \langle E_n \rangle \\ &= \sum_n E_n f_n \\ &= \frac{1}{Z}\sum_n E_n \mathrm{e}^{-\beta E_n} \\ &= -\frac{\partial \ln Z}{\partial \beta}. \end{aligned} \tag{3.55}$$

エントロピー S については，ここでもボルツマンの考え方を援用すれば，次の

---

*13)　ここでは，U の代わりに E を用いる．

ように計算できる．

$$\begin{aligned} S &= -\sum_n f_n k_{\mathrm{B}} \ln f_n \\ &= -\sum_n f_n k_{\mathrm{B}}(-\beta E_n - \ln Z) \\ &= \frac{1}{T} E + k_{\mathrm{B}} \ln Z. \end{aligned} \tag{3.56}$$

ここで，E が式 (3.55) の 2 段目の形で与えられること，$\beta = 1/k_{\mathrm{B}}T$ であること，および f_n の規格化条件 $(\sum_n f_n = 1)$ を用いた．

E と S が与えられれば，ヘルムホルツの自由エネルギー F を計算することができる．

$$F = E - TS = -k_{\mathrm{B}} T \ln Z. \tag{3.57}$$

したがって，カノニカル分布では分配関数 Z を温度，体積，粒子数の関数として計算できれば，統計力学が構築でき，熱力学を導くことができることになる．式 (3.57) はカノニカル分布における議論の出発点になる関係式である．

▶カノニカル分布による自由粒子系 (理想気体) の取り扱い

カノニカル分布の最も簡単な応用例として，体積 $V\ (= L^3)$ の中にある N 個の自由粒子に対する統計力学を考えてみよう [*14]．この系の量子力学的状態については，2.5 節で説明してあるので，それを用いることにしよう [*15]．また，粒子としては，質量 m の 1 種類の分子 (区別できない粒子) だけを考える．この場合，式 (3.54) に示されている分配関数 Z の定義に従って，

$$Z = \frac{1}{N!} \sum_{\{\boldsymbol{k}_i\}} \exp\left[-\beta \frac{\hbar^2}{2m} \sum_{i=1}^{N} \boldsymbol{k}_i^2\right] \tag{3.58}$$

となる．右辺の最初の因子は，粒子が区別できないことによる状態の数えすぎを補正するものである．また，状態に関する和は量子化された波数ベクトルの組に関する和を意味している．2.6 節での扱いと同様に，系のサイズ L が十分

[*14] ここでは，$L_x = L_y = L_z = L$ として計算を進める．いずれにしても，最終結果には体積だけが現れる．

[*15] バルクの性質を議論したいので，周期的境界条件は仮定する．

に大きく，離散的な波数成分の値がほぼ連続とみなせるものとして，式 (3.58) の状態に関する和を，積分で近似する．

$$
\begin{aligned}
Z &= \frac{1}{N!}\left(\frac{L}{2\pi}\right)^{3N}\int_{-\infty}^{\infty}\mathrm{d}k_{1x}\int_{-\infty}^{\infty}\mathrm{d}k_{1y}\int_{-\infty}^{\infty}\mathrm{d}k_{1z}\cdots\int_{-\infty}^{\infty}\mathrm{d}k_{Nz} \\
&\quad\times\exp\left[-\beta\frac{\hbar^2}{2m}\sum_{i=1}^{N}(k_{ix}^2+k_{iy}^2+k_{iz}^2)\right] \\
&= \frac{1}{N!}\left(\frac{V}{(2\pi)^3}\right)^{N}\left[\int_{-\infty}^{\infty}\mathrm{d}k\exp\left(-\beta\frac{\hbar^2}{2m}k^2\right)\right]^{3N} \\
&\simeq \left(\frac{V}{(2\pi)^3N}\right)^{N}\left(\frac{2m\pi}{\beta\hbar^2}\right)^{3N/2}.
\end{aligned}
\tag{3.59}
$$

最後の段階では，$N \gg 1$ であるものとして，スターリングの近似式 $N! \simeq N^N$ (付録 A.4) を用い，またガウス積分 (付録 A.2) の結果を用いた．

分配関数が得られたので，式 (3.55) に従って，内部エネルギーを計算すれば，

$$
E = \frac{3N}{2}\frac{1}{\beta} = N\frac{3}{2}k_{\mathrm{B}}T \tag{3.60}
$$

が得られる．これは理想気体に対するエネルギー等分配則にほかならない．

例題3.5-1 公式 (3.56), (3.57) を適用して，自由粒子系のエントロピーおよびヘルムホルツの自由エネルギーを求めよ．さらに，その結果を用いて，定積熱容量，状態方程式を導け．

[解答] エントロピー S とヘルムホルツの自由エネルギー F は式 (3.56), (3.57) に式 (3.59), (3.60) を代入して，次のように計算される．

$$
\begin{aligned}
S &= \frac{3}{2}k_{\mathrm{B}}N + k_{\mathrm{B}}N\ln\left(\frac{V}{(2\pi)^3N}\right) + \frac{3}{2}k_{\mathrm{B}}N\ln\left(\frac{2m\pi}{\beta\hbar^2}\right) \\
&= \frac{3}{2}k_{\mathrm{B}}N\left[1+\ln\left(\frac{mk_{\mathrm{B}}T}{2\pi\hbar^2}\right)\right] + k_{\mathrm{B}}N\ln\left(\frac{V}{N}\right),
\end{aligned}
\tag{3.61}
$$

$$
\begin{aligned}
F &= -k_{\mathrm{B}}TN\left(\ln\frac{V}{N} + \frac{3}{2}\ln\frac{m}{2\pi\hbar^2\beta}\right) \\
&= -k_{\mathrm{B}}TN\left(\ln\frac{V}{N} + \frac{3}{2}\ln\frac{mk_{\mathrm{B}}T}{2\pi\hbar^2}\right).
\end{aligned}
\tag{3.62}
$$

定積熱容量 C_V は，(3.61) から

$$C_V = T\left(\frac{\partial S}{\partial T}\right)_{V,N} = \frac{3}{2}k_{\mathrm{B}}N \tag{3.63}$$

となり，状態方程式は (3.62) から

$$P = -\left(\frac{\partial F}{\partial V}\right)_{T,N} = k_{\mathrm{B}}N\frac{T}{V} \tag{3.64}$$

のように導かれる． ■

これらの結果は，ミクロカノニカル分布 (2.6) で得られたものと本質的に同じである．これは，系の自由度が十分大きいためであり，統計学における大数の法則や中心極限定理 (付録 B) にその根拠があると考えられる．すなわち，系の自由度が非常に大きい極限では，エネルギーなどの示量性変数がその期待値からずれる確率が小さくなり，エネルギーにゆらぎがあることの効果が，ほとんど顔を出さなくなるため，エネルギーが固定されている場合と実質的な違いがなくなるのである．実際，示量性変数の期待値は N 程度であり，そのまわりのゆらぎは $\sqrt{N}$ 程度になる．$\sqrt{N}$ は必ずしも小さくないと思うかもしれないが，期待値の大きさの程度に比べれば，相対的には $1/\sqrt{N}$ 程度となり，ゆらぎは小さいとみなせるのである．

3.6 熱放射の熱力学・統計力学

19 世紀，産業革命による鉱工業の発展により，溶鉱炉が広く使われるようになり，その温度を知る必要性が高まった．このことが，熱放射の研究を促進し，最終的には量子力学誕生の契機となった．熱放射の熱力学・統計力学は現代物理学において大変重要な役割を果たしている．熱力学の基本構造および初歩的な統計力学を用いれば，熱放射の振る舞いの本質をある程度理解できるので，ここで取り上げておこう．

熱放射の研究に欠かせない概念の 1 つに黒体 (black body) がある [*16]．この概念を導入したのは，ドイツの物理学者キルヒホッフ (Gustav Robert Kirchhoff, 1824–1887) である．黒体はあらゆる周波数の入射光をすべて完全に吸収し，ま

[*16] 完全放射体 (perfect emitter) と呼ばれることもある．

た，熱平衡にある黒体は，温度で決まる最大の熱放射をすべての周波数に対して与えるという理想的な性質を持っているものとして定義される．熱放射は，どの方向にも同じ強度を持つという等方性を示す．現実に理想的な黒体は存在しないといわれているが，キルヒホッフは，十分大きな空洞に 1 か所だけ小さな穴を開けたものが近似的に黒体とみなせると考えた．小さな穴から入射した光は，ほとんど外に出てくることはないと考えられるからである．黒体からの熱放射は**黒体放射** (black body radiation) と呼ばれる [*17]．黒体から放射される電磁波のエネルギーは，すべての方向に同等に光速で放射されるのであるから，エネルギー密度は温度だけで決まっていると考えるべきである．

一般の熱平衡にある物体が放射する光のエネルギーを，同じ温度の黒体が放射する光のエネルギーで割ったものを放射率と呼び，入射する光のエネルギーのうち，物体が吸収する部分の割合を吸収率と呼ぶが，放射率，吸収率ともに物質や表面の色，光の波長などに依存する．熱平衡にある物体の放射率と吸収率は等しいという法則は**キルヒホッフの放射法則**として知られている．1859 年にキルヒホッフが発見したものである．物体の温度が一定に保たれていることから，この法則が成り立つことは当然であると考えられる．

オーストリアで活躍したスロベニア出身の物理学者ステファン (Joseph Stefan, 1835–1893)[*18] は，1879 年，実験結果を解析することによって，黒体表面の単位面積から単位時間当たりに放射される電磁波エネルギー j が，黒体の温度 T の 4 乗に比例することを見出した．

$$j = \sigma T^4. \tag{3.65}$$

この法則はステファンの法則と呼ばれたが，後にステファンの弟子であったボルツマンが電磁気学と熱力学に基づいて理論的証明を与えた (1884 年) ので，**ステファン–ボルツマンの法則**と呼ばれることが多い．係数 σ は**ステファン–ボルツマン定数**と呼ばれる．下で説明するプランク分布により，この σ が普遍的な物理定数，すなわち光速，プランク定数，ボルツマン定数を用いて表されることが明らかになった．ステファンは，この法則を用いて，太陽表面の温度が約

[*17] 空洞放射と呼ばれることもある．

[*18] ドイツ語読みではシュテファンと表記すべきであるが，スロバキア語ではステファンなので，本書ではステファンを採用している．

6,000°C であることを推定した．ボルツマンは公式 (3.65) を次のような議論から導いた．マクスウェル方程式に集約される (古典) 電磁気学によって，電磁波の圧力 p と電磁波のエネルギー密度 u の関係が次式のようになることが導かれる [*19]．

$$p = \frac{1}{3}u. \tag{3.66}$$

エネルギーを体積で割ったエネルギー密度と単位面積当たりに働く力である圧力が，同じ次元を持つことは，エネルギーが仕事 (=力 × 距離) と同じ次元であることから明らかであろう．電磁波に対しても熱力学が成り立つとすれば，内部エネルギー U の微分に対する基本的関係式

$$\mathrm{d}U = T\mathrm{d}S - p\mathrm{d}V \tag{3.67}$$

を使うことができる．この関係式から，温度を固定した場合のエネルギーの体積微分を計算すると，

$$\left(\frac{\partial U}{\partial V}\right)_T = T\left(\frac{\partial S}{\partial V}\right)_T - p = T\left(\frac{\partial p}{\partial T}\right)_V - p \tag{3.68}$$

となる．ここで，マクスウェルの関係式 (3.115) を先取りして用いた．$U = uV$ であることを用い，エネルギー密度 u は温度だけで決まっていることに注意すれば，式 (3.68) の左辺は u そのものに等しいことがわかる．さらに，式 (3.66) を用いれば，式 (3.68) は次のように書き換えられる．

$$4u = T\frac{\mathrm{d}u}{\mathrm{d}T}. \tag{3.69}$$

この微分方程式を解くことによって

$$u \propto T^4 \tag{3.70}$$

が導かれる．黒体から放出されるエネルギーは，この密度に光速をかけ，全方向の立体角 4π で割ることによって得られる (これで単位面積，単位時間当たりに換算したことになる)．したがって，ステファン–ボルツマンの法則が示されたことになる．

高温の物体が，その温度によって違った色に見えることは，経験的にもよく知

---

*19) この導出は電磁気学に譲る．

られている．これは，熱放射のスペクトル (周波数あるいは波長ごとの強度) が温度によって変化するからである．放射のスペクトルは，エネルギー密度に対する周波数領域 $\nu \sim \nu + \mathrm{d}\nu$ からの寄与を $f(\nu)\mathrm{d}\nu$ のように表したときの $f(\nu)$ として定義される．$f(\nu)$ はスペクトル分布関数とも呼ばれる．ドイツの物理学者ウィーン (Wilhelm Carl Werner Otto Fritz Franz Wien, 1864–1928)*20) は，周波数 ν の電磁波を ν に比例するエネルギーを持つ理想気体のように考えて，**ウィーンの放射法則**

$$f_{\mathrm{Wien}}(\nu) = \frac{8\pi h\nu^3}{c^3} \exp\left(-\frac{h\nu}{k_{\mathrm{B}}T}\right) \tag{3.71}$$

を導いた (1896 年)*21)．h は後にプランク定数という普遍的な定数であることがわかる係数である．ウィーンの放射法則は，黒体放射の高周波領域や低温極限での振る舞いは正しく記述するが，低周波領域や高温極限では正しくないことがいまではわかっている．ウィーンはまた，より一般的な熱力学的考察により，スペクトルのピークに当たる周波数が，温度に比例することも示した (1893 年)．こちらの方は**ウィーンの変位則**として知られている．変位則という名称の起源は，黒体放射のスペクトル分布は，温度が異なっていても，ピーク値をそろえるようにスケールすれば，ピーク位置が温度に比例して変位することを除いて同じような形状になるという事実からきている．

低周波領域でよい近似となるスペクトル分布は 1900 年にイギリス人物理学者のレイリー卿 (Lord Rayleigh, John William Strutt, 1842–1919)*22) によって導かれた．1905 年に同じくイギリス人のジーンズ (Sir James Hopwood Jeans, 1877–1946) が係数の間違いを指摘したため，**レイリー–ジーンズの法則**と呼ばれている．もともとは，波長分布の形で議論されたものであるが，便宜上，周波数分布の形で説明する．電磁波 (光) の周波数 ν と波長 λ は，光速 c を介して $\nu = c/\lambda$ のように関連づけられるので，どちらで考えても本質は変わらない．レイリーと

---

*20) ドイツ語読みではヴィーンと表記すべきであるが，英語読みのウィーンを用いるのが一般的である．

*21) ここに示したのは，エネルギー密度への寄与を与える分布である．もともとのウィーンの放射法則は，放射強度に対する公式であったので，この表式とは $c/4\pi$ だけ係数が異なる．ここでは，後の都合上，エネルギー密度につながる分布を扱う．

*22) 1873 年に父親の爵位を継承し，第 3 代レイリー男爵になったので，レイリー卿と呼ばれるようになった．

ジーンズは，電磁波のすべてのモードに対して，エネルギーの等分配則が成り立つと考えて，

$$f_{\mathrm{RJ}}(\nu) = \frac{8\pi k_{\mathrm{B}}T}{c^3}\nu^2 \tag{3.72}$$

を導いた [*23]．この分布は，低周波領域や高温極限では正しい黒体放射スペクトルを与えるが，高周波領域や低温極限では正しくない．

1905 年，ドイツの物理学者プランク (Max Karl Ernst Ludwig Planck, 1858–1947) はウィーンの放射法則とレイリー–ジーンズの法則を内挿する理論公式として，**プランクの公式**

$$f_{\mathrm{Planck}}(\nu) = \frac{8\pi h\nu^3}{c^3}\frac{1}{\exp(h\nu/k_{\mathrm{B}}T) - 1} \tag{3.73}$$

を導いた．高周波領域でウィーンの放射法則を，低周波領域でレイリー–ジーンズの法則を再現することは容易に確かめられる．この公式を，カノニカル分布の考え方で導くためには，周波数 ν の電磁波は，$h\nu$ の整数倍のエネルギーを取りうると考えればよい [*24]．すなわち，$\varepsilon_{n_\nu}(\nu) = h\nu n_\nu$ (n_ν は負でない整数) で与えられるとするのである [*25]．係数 h は**プランク定数**と呼ばれる．したがって，電磁波系のエネルギーは

$$E(\{n_\nu\}) = \sum_{\nu} h\nu n_\nu \tag{3.74}$$

で与えられ，状態は整数の組 $\{n_\nu\}$ で規定されることになる．そうすると分配関数 Z は次のように計算される．

$$Z = \sum_{\{n_\nu\}} \mathrm{e}^{-\beta \sum_\nu h\nu n_\nu} \qquad \left(\beta = \frac{1}{k_{\mathrm{B}}T}\right)$$

[*23] 波長領域 $\lambda \sim \lambda + \mathrm{d}\lambda$ からのエネルギー密度への寄与を $g(\lambda)\mathrm{d}\lambda$ と書くことにすれば，式 (3.72) は，$g(\lambda) = 8\pi k_{\mathrm{B}}T/\lambda^4$ となることに対応している．$|\mathrm{d}\lambda| = c|\mathrm{d}\nu|/\nu^2$ であることに注意せよ．

[*24] 歴史的にはプランクが光子の量子化を考えたというわけではなく，最初は単に実用的な内挿公式を提案したのである．その内挿公式が無限級数の和で表されることから，光のエネルギーが周波数の整数倍に比例するという仮説を立てたのである．この仮説は，プランクの光量子仮説と呼ばれる．現在理解されているような光子の量子化は，その後の場の量子論の発展によって導かれた．

[*25] 量子力学によれば，波動は調和振動子として扱われ，量子効果のために，零点振動 (量子数を表す整数が 0 であっても有限のエネルギーになる) を示すことがわかっている．このため，n_ν は $(n_\nu + \frac{1}{2})$ で置き換えるのが正しい．以下の議論では，簡単のためこの量子効果を無視する．

$$
\begin{aligned}
&= \prod_{\nu} \left[\sum_{n=0}^{\infty} \exp\left(\frac{h\nu n}{k_{\mathrm{B}}T} \right) \right] \\
&= \prod_{\nu} \left(\frac{1}{1 - \mathrm{e}^{-\beta h\nu}} \right). \qquad (3.75)
\end{aligned}
$$

ここで $\prod$ は積を表す記号である．また，周波数に関する和や積は電磁波の固有モードに関するものである．マクスウェル方程式により，電磁場は波動であることが示される．すなわち，電場や磁場が

$$
\left[\frac{\partial^2}{\partial t^2} - c^2 \left(\frac{\partial^2}{\partial x^2} + \frac{\partial^2}{\partial y^2} + \frac{\partial^2}{\partial z^2} \right) \right] g = 0 \qquad (3.76)
$$

という形の微分方程式を満たす．ここに，t は時間変数であり，c は光速，g は電場や磁場の成分を表している．電磁波の存在領域を限定すれば固有モードを定めることができる [*26)]．存在領域が十分大きければ，その形状はあまり問題にならないと考えられるので，自由粒子に対するシュレーディンガー方程式の場合のように，一辺 L の立方体を考え，周期的境界条件を課すことによって，系の端の効果を取り除くことにする．この場合，固有モードは x, y, z 方向の平面波の形になり，固有周波数 ν は各方向の波数成分 k_x, k_y, k_z と次のような関係になることが示される [*27)]．

$$
\nu = \frac{c}{2\pi} \sqrt{k_x^2 + k_y^2 + k_z^2} = \frac{ck}{2\pi}. \qquad (3.77)
$$

周期的境界条件によって，k_x, k_y, k_z がそれぞれ $2\pi/L$ の整数倍になる事情は，自由粒子の問題と同じである．したがって，L が十分に大きいと仮定して，固有モードに関する和は以下のように書き換えられる．

$$
\sum_{\nu} \cdots = 2 \sum_{\boldsymbol{k}} \cdots = 2 \frac{L^3}{(2\pi)^3} \int \mathrm{d}\boldsymbol{k} \cdots = \frac{8\pi V}{(2\pi)^3} \int_0^{\infty} \cdots k^2 \mathrm{d}k. \qquad (3.78)
$$

$V = L^3$ は放射が存在する領域の体積である [*28)]．また，先頭の因子 2 は，電磁波が横波であり，各波数ベクトル $\boldsymbol{k}$ に対し，2 つの独立な偏向方向が存在することを反映したものである．また，最後の変形では，和の対象となる関数が，

---

*26)　詳しいことは，波動方程式の一般論で学ぶことになる．数学ならびに物理数学や電磁気学などで学習してほしい．

*27)　角振動数 ω と周波数 ν の関係は $\omega = 2\pi\nu$ であることに注意せよ．

*28)　黒体 (あるいはそのモデルである空洞) の体積ではないことに注意せよ．

$k(=|\boldsymbol{k}|)$ のみに依存することを考慮して，極座標表示を用いている．ν と k の関係 (3.77) に注意すれば，式 (3.78) は以下のように読み替えてよいことになる．

$$\sum_{\nu}\cdots=\frac{8\pi V}{c^3}\int_0^{\infty}\cdots\nu^2\mathrm{d}\nu. \tag{3.79}$$

カノニカル分布では，エネルギーの期待値は，分配関数 Z の対数を β で微分し，負号をつけることによって得られる．したがって，エネルギー密度は以下のように計算される．

$$\begin{aligned}u&=-\frac{1}{V}\frac{\partial\ln Z}{\partial\beta}\\&=\frac{1}{V}\sum_{\nu}\frac{\partial\ln(1-\mathrm{e}^{-\beta h\nu})}{\partial\beta}\\&=\frac{1}{V}\sum_{\nu}h\nu\frac{\mathrm{e}^{-\beta h\nu}}{1-\mathrm{e}^{-\beta h\nu}}\\&=\frac{8\pi h}{c^3}\int_0^{\infty}\nu^3\frac{1}{\mathrm{e}^{\beta h\nu}-1}\mathrm{d}\nu.\end{aligned} \tag{3.80}$$

この結果は，周波数領域 $\nu\sim\nu+\mathrm{d}\nu$ からのエネルギー密度への寄与が式 (3.73) に示されているスペクトル密度で与えられることを意味している．積分変数を ν から $z=\beta h\nu$ に変換することによって，$u\propto T^4$ であることが導かれる．さらに z 積分を実行し，u から j への変換を行えば，ステファン–ボルツマン定数 σ が具体的に

$$\sigma=\frac{2\pi^5k_{\mathrm{B}}^4}{15c^2h^3}=5.67\times10^{-8}\ \mathrm{J/(s\cdot m^2\cdot K^4)} \tag{3.81}$$

のように求められるが，計算の詳細は省略する．

プランクによるこの内挿式の導出は，光量子 (光子，フォトン) の概念へと発展し，量子力学の誕生へとつながった．

○星の色と表面温度

よく晴れた夜空を見上げると，さまざまな色をした星々が見える．星の色は，その星が宇宙空間に放出している光のスペクトル分布によって決まっている．星の発光が，黒体放射で扱えると仮定すれば，星の色は大ざっぱにいって，その表面温度で決まっていると考えられる．プランクの公式 (3.73) は次のように書き換えられる．

$$f_{\text{Planck}}(\nu) = \frac{8\pi(k_{\text{B}}T)^3}{h^2c^3}\frac{x^3}{\text{e}^x - 1} \quad \left(x \equiv \frac{h\nu}{k_{\text{B}}T}\right). \tag{3.82}$$

このことは，周波数に関する分布のピークが $h\nu \sim k_{\text{B}}T$ 程度のところにあり，分布の幅も $k_{\text{B}}T$ 程度であることを意味している [*29]．人間の目に見える光は，波長にして 400〜800 nm であり，長波長側が赤色，短波長側が青 (あるいは紫) 色に対応する．この領域の波長を持つ光がどのような相対強度で人間の目に到達するかによって，対象物の色が決まることになる．例えば，太陽の表面温度は約 5,800 K であり，波長 400 nm 以下の紫外領域が約 12%，800 nm 以上の赤外領域が約 42%である．可視領域は約 46%に相当するが，実際には大気が紫外，赤外領域の光を吸収，散乱してしまうため，可視領域の光の割合が増えることになる．

ウィーンの変位則によれば，波長分布に直したときのピーク位置は，温度に比例し，

$$\lambda_{\text{peak}} = \frac{b}{T} \quad (b \simeq 2.9 \times 10^{-3}\,\text{m} \cdot \text{K}) \tag{3.83}$$

で与えられる．太陽の場合はこのピーク位置の波長が約 500 nm となり，黄色っぽい色に見えることと矛盾しない．天文学の分野では，発光スペクトルによって星の分類がなされ，現在では表 3.1 のような分類表が用いられている．

表 3.1　星のスペクトル分類

型	表面温度 K	色
O	29,000–60,000	青
B	10,000–29,000	青〜青白
A	7,500–10,000	白
F	6,000–7,500	黄白
G	5,300–6,000	黄
K	3,900–5,300	橙
M	2,500–3,900	赤
L	1,300–2,500	暗赤
T	600–1,300	赤外領域
Y	600 以下	赤外領域

アルファベットの並びがランダムになっているのは，最初にスペクトル分類を作りはじめたハーバード大学天文台のピッカリング (Edward Charles Pickering, 1846–1919) らが，スペクトルパターンの単純な方から A, B, C, ... と名づけていったが，後に温度とスペクトルの間の関連が明らかになり，温度の順に並べ直

[*29] ちなみに，放射の総強度を決めているのも温度である．

したためである.

熱力学を正しく理解することによって，星の色の仕組みもわかるのである.

3.7　ギブスのパラドックス

ここで，統計力学的な見方の重要性を示す例の1つとして，ギブスのパラドックスを説明しよう.

図3.2(a)で概念的に示されているように，2種類の気体A, Bを，隔壁(破線で表示)で隔てられた別の領域に閉じ込める．隔壁は可動で，伝熱性があるとすれば，2つの領域における温度Tと圧力Pが等しくなったところで平衡状態が実現する．気体の濃度は十分に小さく，理想気体とみなせるものとする．具体的には，アルゴンとネオンの気体などを考えればよい．平衡状態が実現したところで，隔壁をゆっくり取り除いて，2種類の気体が混じり合うようにする．気体AおよびBの物質量を，それぞれ，n_A mol, n_B molとすれば，混合前と，混合後の状態方程式は

$$PV_1 = n_\mathrm{A}RT, \quad PV_2 = n_\mathrm{B}RT \quad (\text{混合前}), \tag{3.84}$$

$$P(V_1 + V_2) = (n_\mathrm{A} + n_\mathrm{B})RT \quad (\text{混合後}) \tag{3.85}$$

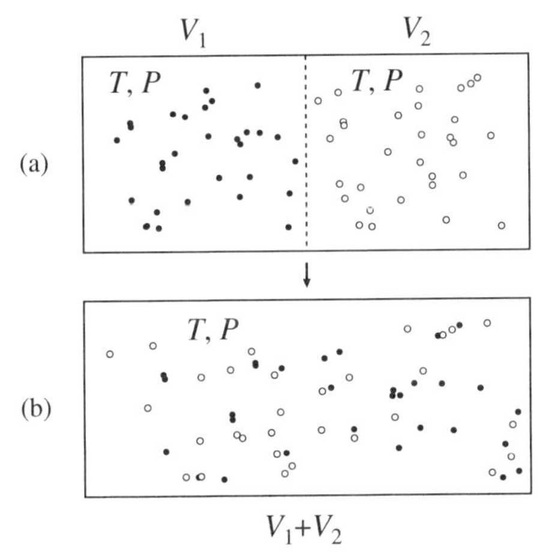

図 3.2　2種類の気体の混合(概念図)
気体Aは黒丸で，気体Bは白丸で示されている.

となる．混合前の2つの式を足し合わせれば，混合後の状態方程式となるので，全体としては何も変わっていないように見えるかもしれないが，個々の気体分子から見れば，動ける領域が広がったのであるから，環境が大いに変化していることになる．実際，混合後の状態方程式 (3.85) は

$$P = P_{\mathrm{A}} + P_{\mathrm{B}}, \tag{3.86}$$

$$P_{\mathrm{A}} = \frac{n_{\mathrm{A}}}{V_1 + V_2} RT, \tag{3.87}$$

$$P_{\mathrm{B}} = \frac{n_{\mathrm{B}}}{V_1 + V_2} RT \tag{3.88}$$

のように考えて，混合によって，気体 A および B の圧力が P から，それぞれ $P_{\mathrm{A}}, P_{\mathrm{B}}$ に減少したとみなすことも可能である．$P_{\mathrm{A}}, P_{\mathrm{B}}$ は，それぞれ，気体 A および，気体 B の分圧と呼ばれる．

混合の途中の過程が，準静的な定温過程であると考えれば，それぞれの気体が持っている内部エネルギーは変化しない (温度一定の理想気体の内部エネルギーは，体積に依存しない)．それぞれの気体が占める体積が，徐々に増加することによるエントロピーの増分は，熱力学基本公式から

$$\mathrm{d}S_\alpha = \frac{P_\alpha}{T}\mathrm{d}V_\alpha = \frac{n_\alpha R}{V_\alpha}\mathrm{d}V_\alpha \quad (\alpha = \mathrm{A\ or\ B}) \tag{3.89}$$

となる．P_α, V_α は各気体の途中での圧力，体積である．準静的変化であるため，途中でも理想気体の状態方程式が成り立つことを用いた．式 (3.89) を積分することによって，各気体は，混合前に比べ，混合後のエントロピーが増加することがわかる．

$$\Delta S_{\mathrm{A}} = n_{\mathrm{A}} R \int_{V_1}^{V_1+V_2} \frac{1}{V_{\mathrm{A}}}\mathrm{d}V_{\mathrm{A}} = n_{\mathrm{A}} R \ln \frac{V_1 + V_2}{V_1}, \tag{3.90}$$

$$\Delta S_{\mathrm{B}} = n_{\mathrm{B}} R \int_{V_2}^{V_1+V_2} \frac{1}{V_{\mathrm{B}}}\mathrm{d}V_{\mathrm{B}} = n_{\mathrm{B}} R \ln \frac{V_1 + V_2}{V_2}. \tag{3.91}$$

混合による全系のエントロピー増加は，次式で与えられる．

$$\Delta S = \Delta S_{\mathrm{A}} + \Delta S_{\mathrm{B}} = -(n_{\mathrm{A}} + n_{\mathrm{B}}) R (x_{\mathrm{A}} \ln x_{\mathrm{A}} + x_{\mathrm{B}} \ln x_{\mathrm{B}}). \tag{3.92}$$

ここで，

$$x_{\mathrm{A}}=\frac{n_{\mathrm{A}}}{n_{\mathrm{A}}+n_{\mathrm{B}}},\quad x_{\mathrm{B}}=\frac{n_{\mathrm{B}}}{n_{\mathrm{A}}+n_{\mathrm{B}}} \tag{3.93}$$

は，各気体分子の**モル分率**と呼ばれる．式 (3.92) で与えられるエントロピーは，混合によって，系がより乱雑になったことを反映したものであり，**混合エントロピー** (mixing entropy) と呼ばれる [*30]．

混合によって，気体分子 A のまわりには，A がきたり B がきたりするので，より乱雑になるということはもっともで，納得できる現象である．しかし，ギブスはここで，もしも 2 つの気体が同種であったら，上の議論はどうなるかという問題を提起した．この場合，概念図は図 3.3 のようになる．

上で展開した議論では，分子 A と分子 B が区別できるかどうかという条件は，何の役割も果たしていない．したがって，混合エントロピーは同じように出てきてしまう．しかし，図 3.3 に示されているように，混合前後で個々の気体分子の環境は特に変化していないはずである．すなわち，乱雑さの増加はないはずである．この問題はギブスのパラドックスと呼ばれている．同種気体の混合によってエントロピーが増加するという結論は間違いなのであるが，熱力

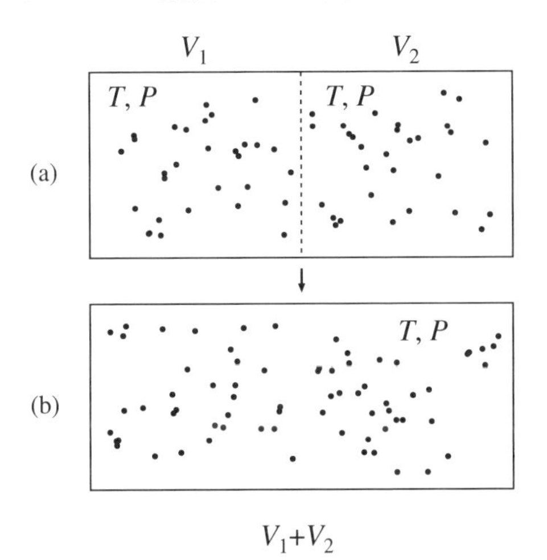

図 3.3 同種気体の混合 (概念図)

*30) 式 (3.92) のエントロピー変化を混合エントロピーと呼ぶことに異論を唱える著者 (例えば，A. Ben-Naim, "*Entropy and the Second Law*", World Scientific, 2012) もいるが，ここでは伝統的な呼び方に従って混合エントロピーと呼んでおく．

学的議論だけでは，この間違いの修正は困難である．

次に，統計力学的観点から，この誤謬がどのように修正されるか考えてみよう．まず，最初に気体 A と B が異なっている場合を扱う．A, B の分子数 (粒子数) を，それぞれ，N_A, N_B で表すことにすれば，混合前後のエントロピー $S_{前}$ と $S_{後}$ は式 (3.61) を用いて [*31]，以下のように計算される．

$$S_{前} = S_{\mathrm{A},\,前} + S_{\mathrm{B},\,前}, \tag{3.94}$$

$$S_{\mathrm{A},\,前} = \frac{3}{2}k_\mathrm{B}N_\mathrm{A}\left[1+\ln\left(\frac{m_\mathrm{A}k_\mathrm{B}T}{2\pi\hbar^2}\right)\right] + k_\mathrm{B}N_\mathrm{A}\ln\left(\frac{V_1}{N_\mathrm{A}}\right), \tag{3.95}$$

$$S_{\mathrm{B},\,前} = \frac{3}{2}k_\mathrm{B}N_\mathrm{B}\left[1+\ln\left(\frac{m_\mathrm{B}k_\mathrm{B}T}{2\pi\hbar^2}\right)\right] + k_\mathrm{B}N_\mathrm{B}\ln\left(\frac{V_2}{N_\mathrm{B}}\right), \tag{3.96}$$

$$S_{後} = S_{\mathrm{A},\,後} + S_{\mathrm{B},\,後}, \tag{3.97}$$

$$S_{\mathrm{A},\,後} = \frac{3}{2}k_\mathrm{B}N_\mathrm{A}\left[1+\ln\left(\frac{m_\mathrm{A}k_\mathrm{B}T}{2\pi\hbar^2}\right)\right] + k_\mathrm{B}N_\mathrm{A}\ln\left(\frac{V_1+V_2}{N_\mathrm{A}}\right), \tag{3.98}$$

$$S_{\mathrm{B},\,後} = \frac{3}{2}k_\mathrm{B}N_\mathrm{B}\left[1+\ln\left(\frac{m_\mathrm{B}k_\mathrm{B}T}{2\pi\hbar^2}\right)\right] + k_\mathrm{B}N_\mathrm{B}\ln\left(\frac{V_1+V_2}{N_\mathrm{B}}\right). \tag{3.99}$$

混合によるエントロピーの増加分は，前後の差を取って，

$$\Delta S = S_{後} - S_{前} = k_\mathrm{B}\left[N_\mathrm{A}\ln\left(\frac{V_1+V_2}{V_1}\right) + N_\mathrm{B}\ln\left(\frac{V_1+V_2}{V_2}\right)\right] \tag{3.100}$$

となる．気体定数がボルツマン定数とアボガドロ数の積に等しいこと，物質量 (モル数) が分子数をアボガドロ数で割ったものであることなどに注意すれば，式 (3.100) は (3.92) と同じになることがわかる．

次に，同種気体の混合の場合 (図 3.3) に同様の計算を実行してみよう．こちらのエントロピーは，上と区別するために $S'_{前}$ などのように表すことにする．混合前後のエントロピーは，次のように計算される．

$$S'_{前} = S'_1 + S'_2, \tag{3.101}$$

$$S'_1 = \frac{3}{2}k_\mathrm{B}N_1\left[1+\ln\left(\frac{m_\mathrm{A}k_\mathrm{B}T}{2\pi\hbar^2}\right)\right] + k_\mathrm{B}N_1\ln\left(\frac{V_1}{N_1}\right), \tag{3.102}$$

$$S'_2 = \frac{3}{2}k_\mathrm{B}N_2\left[1+\ln\left(\frac{m_\mathrm{A}k_\mathrm{B}T}{2\pi\hbar^2}\right)\right] + k_\mathrm{B}N_2\ln\left(\frac{V_2}{N_2}\right), \tag{3.103}$$

[*31] 図 3.3 のような状況は，周期的境界条件 (2.5) とそぐわないと思うかもしれないが，系が十分に大きければ分配関数やエントロピーなどの計算結果に本質的な影響はない．詳細は省略するが，実際，系の端 (直方体の表面) で波動関数が 0 となる境界条件 (ディリクレー境界条件) を用いても分配関数などが前節で求めたものと同じになることを示すのは容易である．

$$S'_{後} = \frac{3}{2}k_{\mathrm{B}}(N_1+N_2)\left[1+\ln\left(\frac{m_{\mathrm{A}}k_{\mathrm{B}}T}{2\pi\hbar^2}\right)\right]$$
$$+k_{\mathrm{B}}(N_1+N_2)\ln\left(\frac{V_1+V_2}{N_1+N_2}\right). \tag{3.104}$$

ここで，N_1, N_2 は，それぞれ混合前に体積 V_1, V_2 に含まれていた分子 A の個数を表す．T, P が示強性変数であり，混合前後で変わらないことに注意し，状態方程式を用いれば，

$$\frac{V_1}{N_1} = \frac{V_2}{N_2} = \frac{V_1+V_2}{N_1+N_2} = k_{\mathrm{B}}\frac{T}{P} \tag{3.105}$$

であることがわかる．このことから，$S'_{後} - S'_{前}$ が 0 になることも確かめられる．このようにギブスのパラドックスが解消された理由を，結果からさかのぼって調べてみると，分配関数 Z (ミクロカノニカル分布の場合は状態数 W) の計算の際，粒子が区別できないことを考慮して $1/N!$ の因子を導入したためであることが理解できる．熱力学的な議論だけでは，粒子が区別できないことの効果を適切に取り入れる手段がなかったのである．

3.8　熱力学的関係式のまとめ

これまで，熱力学変数の間のいろいろな関係式が登場し，応用されてきたが，複雑で覚えるのがやっかいであると思われた読者は多いのではないだろうか．この節では，それらの関係式 (等式に限る) を再掲して，簡単な覚え方を紹介しておこう．

微分系の熱力学基本公式は，いろいろな自由エネルギーに対応して，以下のように表現される (簡単のため，1 成分系のみについて示す)．

$$\mathrm{d}U = T\mathrm{d}S - P\mathrm{d}V + \mu\mathrm{d}N, \tag{3.106}$$

$$\mathrm{d}F = -S\mathrm{d}T - P\mathrm{d}V + \mu\mathrm{d}N, \tag{3.107}$$

$$\mathrm{d}G = -S\mathrm{d}T + V\mathrm{d}P + \mu\mathrm{d}N, \tag{3.108}$$

$$\mathrm{d}H = T\mathrm{d}S + V\mathrm{d}P + \mu\mathrm{d}N. \tag{3.109}$$

これらの微分式は，次のような偏微分の関係式が成り立つことを意味する．

$$\left(\frac{\partial U}{\partial S}\right)_{V,N} = T, \quad \left(\frac{\partial U}{\partial V}\right)_{S,N} = -P, \quad \left(\frac{\partial U}{\partial N}\right)_{S,V} = \mu, \tag{3.110}$$

$$\left(\frac{\partial F}{\partial T}\right)_{V,N} = -S, \quad \left(\frac{\partial F}{\partial V}\right)_{T,N} = -P, \quad \left(\frac{\partial F}{\partial N}\right)_{T,V} = \mu, \tag{3.111}$$

$$\left(\frac{\partial G}{\partial T}\right)_{P,N} = -S, \quad \left(\frac{\partial G}{\partial P}\right)_{T,N} = V, \quad \left(\frac{\partial G}{\partial N}\right)_{T,P} = \mu, \tag{3.112}$$

$$\left(\frac{\partial H}{\partial S}\right)_{P,N} = T, \quad \left(\frac{\partial H}{\partial P}\right)_{S,N} = V, \quad \left(\frac{\partial H}{\partial N}\right)_{S,P} = \mu. \tag{3.113}$$

さらに，(3.110) の第 1 式を V で偏微分したものと，第 2 式を S で偏微分したものが等しい (微分の順序によらない) ことなどを用いれば，以下のような偏微分間の関係式を導くことができる．

$$\left(\frac{\partial T}{\partial V}\right)_{S,N} = -\left(\frac{\partial P}{\partial S}\right)_{V,N} \left[= \frac{\partial^2 U}{\partial V \partial S} = \frac{\partial^2 U}{\partial S \partial V}\right], \tag{3.114}$$

$$\left(\frac{\partial S}{\partial V}\right)_{T,N} = \left(\frac{\partial P}{\partial T}\right)_{V,N} \left[= \frac{\partial^2 F}{\partial V \partial T} = \frac{\partial^2 F}{\partial T \partial V}\right], \tag{3.115}$$

$$-\left(\frac{\partial S}{\partial P}\right)_{T,N} = \left(\frac{\partial V}{\partial T}\right)_{P,N} \left[= \frac{\partial^2 G}{\partial P \partial T} = \frac{\partial^2 G}{\partial T \partial P}\right], \tag{3.116}$$

$$\left(\frac{\partial T}{\partial P}\right)_{S,N} = \left(\frac{\partial V}{\partial S}\right)_{P,N} \left[= \frac{\partial^2 H}{\partial P \partial S} = \frac{\partial^2 H}{\partial S \partial P}\right]. \tag{3.117}$$

これらの関係式は，マクスウェルの関係式と呼ばれ，いろいろな物理量の間の関係を調べるのに利用されている．化学ポテンシャルの関係したマクスウェルの関係式も同様に導けるが，ここでは省略する．

次に，上記の (3.110)〜(3.113) などを覚える便利な方法について説明しよう．筆者が，この覚え方を覚えたのは，恐らく学部学生の頃に受けた熱力学の授業で教えてもらったのが最初だったと思う．熱力学ダイアグラム[7) と呼ぶこともあるようだが，筆者が授業で取り上げるときには，“ラッキーセブンの公式” というキャッチをつけて教えている．その仕組みを，図 3.4 に示した．

まず，seven の最初の 3 文字，SEV を第 1 段目に並べる．次に，$E \to F \to G \to H$ を図のように配置する．さらに，S (エントロピー) に共役な T (温度)，および V (体積) に共役な P (圧力) を，それぞれの対角の位置におく．最後に，右側の列の上に負号をつける．これで，ダイアグラムの構築は終わりである．

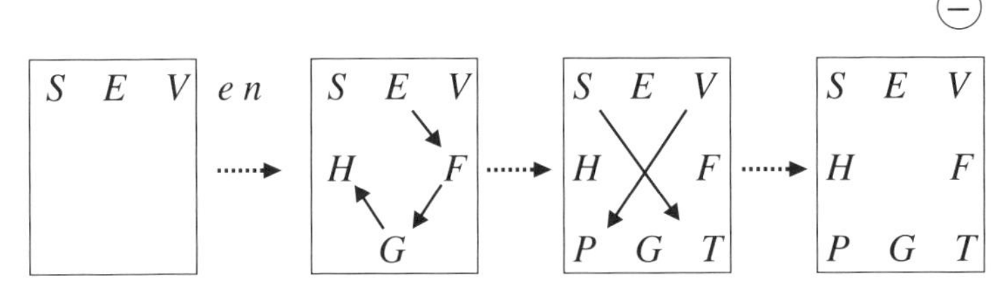

図 **3.4**　ラッキーセブンの公式 (熱力学ダイアグラム) の構築方法

後は，このダイアグラムの意味するところを覚えねばならない．すでに一部触れているが，S, V, T, P はエントロピー，体積，温度，圧力を表す．また，E は内部エネルギー [*32)]，F はヘルムホルツの自由エネルギー，G はギブスの自由エネルギー，H はエンタルピーに対応する．自由エネルギーを挟んでいる変数は，それぞれの自由エネルギーに対する自然な独立変数になっている．

例えば，E を S で偏微分したものは，共役な T になり，V で偏微分したものは，負号をつけて $-P$ になる．右側の列にある変数で微分した場合は負号がつくので，右側の列の上に負号が付されているのである．同様に，F を V で偏微分すれば $-P$ に，T で偏微分すれば $-S$ になり，G の場合は T で微分して $-S$ を，P で微分して V を得る．H を S で微分すれば T に，P で微分すれば V が得られる．ここで述べたことは，(3.110)～(3.113) の N 微分にかかわるものを除いたすべての公式を含んでいる．N 微分については単に化学ポテンシャルを与えるだけなので，特に苦労して覚えるほどのことはないであろう．このように，図 3.4 のダイアグラムを構築すれば，面倒な熱力学の公式をほとんど書き下すことができてしまう．覚えておいて損はないであろう．

[*32)]　ここでは，便宜上，内部エネルギーに対し U ではなく E を用いる．

相互作用を取り入れた熱力学

これまでは，熱力学の基本的な形式を理解するため，構成要素間の相互作用を無視できる理想気体 (希薄気体) を主な題材として説明を進めてきたが，本章では，構成要素 (例えば気体分子) 間の相互作用を取り入れた場合の熱力学を学ぶことにしよう．

4.1　非理想気体——ファンデルワールスの状態方程式

理想気体の状態方程式 (ボイル–シャルルの法則) に実在気体の特性を，直感的にわかりやすい形で取り入れ，数学的にも取り扱いやすい状態方程式を導いたのはオランダのファンデルワールス (Johannes Diderik van der Waals, 1837–1923) である．ファンデルワールスは，まず，気体分子には大きさがあり，どんなに圧力を大きくしていっても，それ以上体積を縮められない体積の下限があると考えた．また，彼の研究の主眼が，気体から液体への相転移 (“相” の概念については後述する) にあったので，気体が凝縮するのは気体分子間に引力相互作

図 4.1　ヨハネス・ファンデルワールス　1837 年オランダのライデンで生まれ，ほとんど独学で科学的知識を修得し，20 代後半からライデン大学で学びはじめた．1873 年に，『液体と気体の連続性について (On the continuity of the liquid and gaseous states)』と題する博士論文を発表した．ファンデルワールスの状態方程式は，この論文で導入された．

用が働くためであると考え，引力相互作用の効果を圧力の減少として取り入れた．分子の大きさの効果は，分子数に比例すると考えるのが自然であるし，相互作用の効果は，2 つの分子が出会わなければ起こらないものなので，密度の 2 乗に比例すると考えてよいであろう．このような考察のもと，導かれた状態方程式は，次のようなものである．

$$P = \frac{Nk_{\mathrm{B}}T}{V - NB} - \left(\frac{N}{V}\right)^2 A. \tag{4.1}$$

ここで，B は 1 分子の大きさに対応する体積であり，A は分子間引力の強さにかかわる示強性変数である．上の式は，モル体積 V_{mol} ($V_{\mathrm{mol}} = V/n$, $n = N/N_{\mathrm{A}}$, N_{A} はアボガドロ数) を用いて

$$P = \frac{RT}{V_{\mathrm{mol}} - b} - \frac{a}{V_{\mathrm{mol}}^2} \tag{4.2}$$

のように表されることが多い．ここで，$b = N_{\mathrm{A}}B$, $a = N_{\mathrm{A}}^2 A$ である．

ファンデルワールスはこの状態方程式を，1872 年の博士論文 (ライデン大学) で発表し，この成果はその後の彼の研究活動の基礎となった．さらに，この状態方程式は，1910 年のノーベル物理学賞受賞の理由にもなった．

式 (4.2) から得られる等温曲線 (温度一定の条件下で，圧力と体積の関係を描いた曲線) は，温度によって，図 4.2 のようになることがわかる．高温領域で

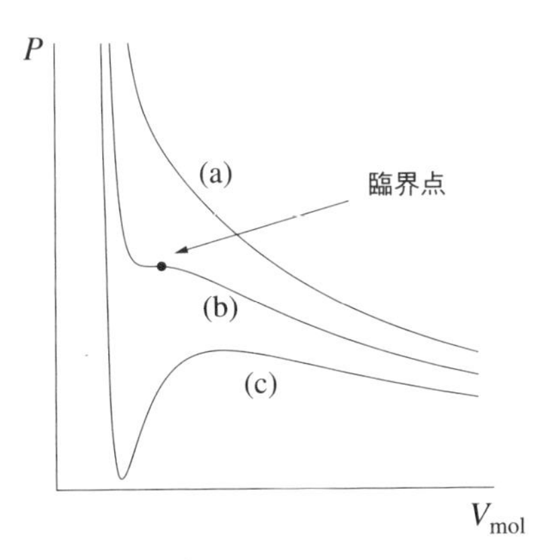

図 4.2 等温曲線として表したファンデルワールスの状態方程式
(a) は高温領域，(c) は低温領域であり，(b) は低温領域における極大と極小が重なる臨界温度に対応する．

は，(a) のように極大，極小が現れず，圧力は体積の単調減少関数となる．低温領域では，(c) のように極大と極小がそれぞれ 1 つずつ存在する．また，それらの極大，極小が重なる温度 (臨界温度) では (b) のように振る舞う．臨界温度 T_c は，極値と変曲点が重なる条件

$$\frac{\partial P}{\partial V_\mathrm{mol}} = -\frac{RT}{(V_\mathrm{mol} - b)^2} + 2\frac{a}{V_\mathrm{mol}^3} = 0, \tag{4.3}$$

$$\frac{\partial^2 P}{\partial V_\mathrm{mol}^2} = 2\frac{RT}{(V_\mathrm{mol} - b)^3} - 6\frac{a}{V_\mathrm{mol}^4} = 0 \tag{4.4}$$

から求められる．まず，式 (4.3) と (4.4) から図 4.2(b) の変曲点 (臨界点と呼ぶ) における V_mol の値 $V_\mathrm{mol,c}$ が得られる．

$$V_\mathrm{mol,c} = 3b. \tag{4.5}$$

これを，式 (4.3) に代入することによって，臨界温度 T_c が導かれる．

$$T_\mathrm{c} = \frac{8}{27}\frac{a}{Rb}. \tag{4.6}$$

さらに，これらの結果を式 (4.2) に代入すれば，臨界点における圧力の値 P_c が求められる．

$$P_\mathrm{c} = \frac{1}{27}\frac{a}{b^2}. \tag{4.7}$$

温度，体積，圧力をそれぞれ臨界点での値でスケールしたものを t $(= T/T_\mathrm{c})$, v $(= V_\mathrm{mol}/V_\mathrm{mol,c})$, p $(= P/P_\mathrm{c})$ とすれば，式 (4.2) は次のような普遍的な (物質パラメータを含まない) 形に書き直される．

$$p = \frac{8t}{3v - 1} - \frac{3}{v^2}. \tag{4.8}$$

このように，状態方程式が物質パラメータを含まない普遍的な形に表されることを，**対応状態の法則**と呼ぶ．

参考のため，いくつかの代表的な気体に対するファンデルワールス・パラメータの大まかな値を表 4.1 に挙げておこう[7]．温度，モル体積，圧力の臨界点での値は，a, b を用いて式 (4.5)〜(4.7) から求めたものなので，必ずしも実測値とは一致しない．ファンデルワールスの状態方程式は，非常にもっともらしいものであるが，あくまでも近似的なものであることに注意すべきである．

表 4.1 代表的な気体に対するファンデルワールス・パラメータの大まかな値[7)]
臨界点での温度，モル体積，圧力は式 (4.5)〜(4.7) から求めたもの．

気体	a (Pa · m^6/mol^2)	b (m^3/mol)	T_c (K)	$V_{mol,c}$ (m^3/mol)	P_c (Pa)
He	0.0035	2.4×10^{-5}	30	7.2×10^{-5}	1.3×10^{6}
Ne	0.021	1.7×10^{-5}	44	5.1×10^{-5}	2.7×10^{6}
Ar	0.13	3.0×10^{-5}	154	9.0×10^{-5}	5.3×10^{6}
H_2	0.025	2.7×10^{-5}	33	8.1×10^{-5}	1.3×10^{6}
N_2	0.14	3.9×10^{-5}	127	1.2×10^{-4}	3.4×10^{6}
O_2	0.14	3.3×10^{-5}	151	9.9×10^{-5}	4.8×10^{6}
Cl_2	0.66	5.6×10^{-5}	420	1.7×10^{-4}	7.8×10^{6}
CO_2	0.40	4.3×10^{-5}	331	1.3×10^{-4}	8.0×10^{6}
H_2O	0.55	3.1×10^{-5}	632	9.3×10^{-5}	2.1×10^{6}

▶相とは

上で，“相転移” という言葉を説明なしに用いたが，ここで，“相” の概念について，簡単に説明しておこう．

物質系において，温度，圧力，密度，化学組成などのマクロな物理量が，熱力学的に一様とみなされる領域のことを**相**と呼ぶ．“熱力学的に” と断っているのは，ミクロな意味でのゆらぎはあってもよいということである．物質の基本的な相には，密度の小さい「気相」，原子や分子が密集している「固相」，それらの中間の密度を持つ「液相」がある．水 (H_2O) でいえば，気相は水蒸気，液相は水，固相は氷である．実際には，それらの範疇に簡単には分類できないような相も存在する．例えば，テレビやパソコンのディスプレーに利用されている液晶は，液体的な性質と，固体としての結晶的な性質を併せ持つ状態にある物質である．

温度や圧力などのパラメータを変化させた場合に，系の状態が異なる相に移り変わる現象を**相転移**と呼ぶ．また，2 つの相 (例えば密度の異なる相や化学組成の異なる相など) が界面を接して共存する現象は **2 相共存**と呼ばれる．水蒸気と水の共存や，水と氷の共存などは身近な例である．

気相と固相でどの程度密度が異なるのか，構成分子 (原子) の数密度で比較してみよう．気相における数密度をおおざっぱに見積もるには，1 mol の希薄気体の 1 気圧，0°C での体積が約 22.4 L ($=22.4\times10^{-3}$ m^3) であることを思い起こせばよい．1 mol の分子数は約 6.02×10^{23} であるから，簡単な計算により，数密度は $n_{気相} \simeq 2.69 \times 10^{25}\,\mathrm{m}^{-3}$ となる．固相の数密度のおおまかな見積もりは，固相において，構成分子 (原子) は，互いに接し合うように密集していることから得られる．原子や分子の大きさの程度は，ほぼ $10^{-10}\,\mathrm{m}$ である．したがって，数密度は $10^{30}\,\mathrm{m}^{-3}$ 程度であると見積もられる．気相と固相の数密度の大きな違いは明白であろう．液相と固相の違いはもう少し，微妙である．数密度で比べると，どちらも構成分子 (原子) が互いに接し合うほど密集しているという意味で，大きな違いはない．しかし，固相の場合は，分子や原子の配列が，全系にわたって規則的になっている点が，液相と異なるところである．長い距離にわたって，配列の規則性が実現していることを，**長距離秩序** (long range order) という．長距離秩序の有無が液相と固相を分けているのである．ガラスなどの**非晶質** (結晶にはなっていないが，見た目は固体に見える物質，アモルファスともいう) には長距離秩序はないのであるが，外見は固体のように見える．アモルファスが真の意味で固体とみなせるかどうかは，意見の分かれるところであり，まだ明確に解決されていない問題の 1 つである．

▶分子 (原子) 間相互作用

ミクロな観点からファンデルワールスの状態方程式の意味を考察してみよう．一般に，気体分子 (原子) 間には，図 4.3 に描かれているような相互作用ポテンシャル $U(r)$ で記述される相互作用が働く．横軸は分子 (原子) 間距離である．

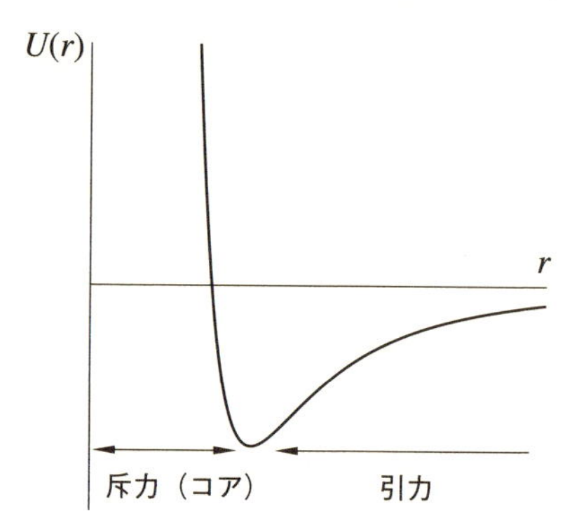

図 4.3　分子 (原子) 間相互作用ポテンシャル (概念図)

分子 (原子) 間距離が小さい領域は，強い斥力の働いている領域であり，コア (core) と呼ばれる．原子や分子は原子核あるいはイオンの周囲を電子が取り囲む構造をしており，外側の電子が，ほかの原子や分子 (やはり，電子によって取り囲まれた構造をしている) の侵入を阻む効果が，強い斥力として現れているのである．距離 r を増していくと，相互作用ポテンシャルの最小値を境に，分子 (原子) 間力は，引力に転ずる．引力の原因はいろいろなものが考えられるが，例えば，分子や原子の正電荷の重心と負電荷の重心がずれることによって発生する電気双極子モーメント間の相互作用などが挙げられる．実際の計算などに用いられる相互作用ポテンシャルの代表的なモデルは，イギリスの物理学者レナード=ジョーンズ (John Edward Lennard-Jones, 1894–1954) によって提唱されたもので次のように表される (レナード=ジョーンズポテンシャルと呼ばれるが，6–12 ポテンシャルなどと呼ばれることもある)．

$$U(r) = 4\varepsilon \left[\left(\frac{\sigma}{r} \right)^{12} - \left(\frac{\sigma}{r} \right)^{6} \right]. \tag{4.9}$$

ここで，σ は $U(r) = 0$ となる分子 (原子) 間距離 (図 4.3 で，ポテンシャルが，横軸を切る点に対応)，ε はポテンシャルの深さを表す (ポテンシャルの最小値が $-\varepsilon$ になる)．r が小さいところでは，第 1 項 (斥力項) が主要となり，r の大きい領域では，相対的に第 2 項 (引力項) が支配的になる．斥力と引力の境は，ポテンシャルが最小となる位置 $r = 2^{1/6}\sigma$ である [*1)]．

ファンデルワールスの状態方程式は，分子 (原子) 間相互作用のコアと引力の効果を直感的にわかりやすい形で取り入れたものになっている．式 (4.1) に現れるパラメータ B が σ^3 程度であることは，容易に推察できるが，パラメータ A をポテンシャル (4.9) に関連づけることは簡単ではない (4.3 節で，再度取り上げることにしよう)．

4.2　ファンデルワールスの状態方程式による気相–液相転移

ファンデルワールスは，気体と液体の間の転移 (相転移) を記述するモデルと

[*1)] 力学で学ぶように，r 方向の力は $U(r)$ を r で微分し，負号をつけることによって得られる．この力が正ならば，r を増す方向に働くので，斥力であり，負なら引力ということになる．微分が 0 になる点が，斥力と引力の境になることも理解できよう．

して，ファンデルワールスの状態方程式を導入した．本節では，気相，液相間の相転移がファンデルワールスの状態方程式によって，どのように記述されるのかを説明しよう．

まず，$T < T_c$ の場合に対応する図 4.2(c) の P–V_{mol} 曲線に着目しよう．この場合，P は V_{mol} の関数として，極大と極小を持つ．極大と極小の間では，曲線は右上がりになっていて，等温圧縮率 (3.32) が負になる．したがって，この領域の状態は熱力学的に不安定であることがわかる．すなわち，不安定な領域に隔てられた 2 つの安定状態に対応する分岐が存在していることになる．極大の右側の分岐は，低圧，低濃度の状態，極小の左側の分岐は高圧，高濃度の状態に対応している．前者を気体，後者を液体と考えれば，つじつまが合う．

実際に，どの状態が実現するのかは，自由エネルギーを比較しなければわからない．温度を一定に保って，圧力を変化させる場合には，ギブスの自由エネルギーを比較すればよい [*2)]．温度一定なので，モル当たりのギブスの自由エネルギー G_{mol} の微分は

$$dG_{mol} = V_{mol}dP \tag{4.10}$$

と書いてよい (粒子数の変化は考えない)．V_{mol}，P は，それぞれ，$V_{mol,c}$，P_c でスケールし，G_{mol} を $V_{mol,c}P_c$ でスケールしたものを g で表すことにすれば，式 (4.10) は

$$dg = vdp \tag{4.11}$$

となる．図 4.2(c) に対応する曲線を，p を横軸に，v を縦軸に取り直して描くと，図 4.4 のようになる．低圧，低濃度の安定点 A (気体に対応) から出発して圧力を増加させると，体積が急激に減少して，B に向かう．どこかの時点で (図 4.4 では B と表記)，気体の一部は高圧，高濃度の分岐 (FG の分岐，液体に対応) へ移る．このときの変化としては，総体積は減少するが，圧力は増加しない．したがって，B→D→F の直線に沿って変化することになる．すべてが状態 F に移ってしまえば，その後は，圧力が増加し，それに伴って体積が徐々に増加する高圧，高密度の状態 (液体状態) になる．

状態 A を出発点にして，積分によって g を求めると

*2) ギブスの自由エネルギーに対する自然な独立変数は温度と圧力であることを思い起こそう．

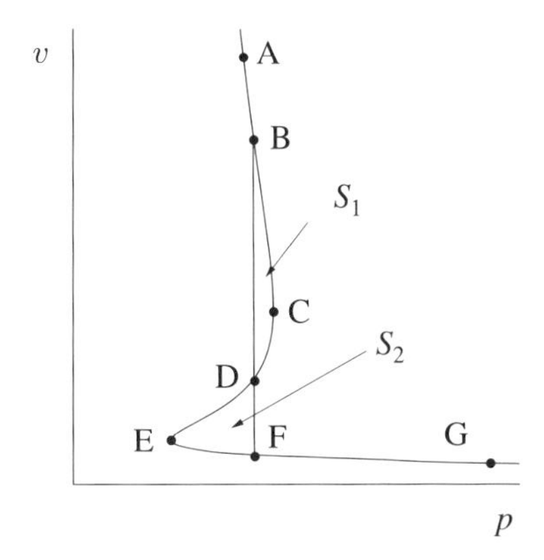

図 4.4　ファンデルワールスの状態方程式の $T < T_c$ $(t = T/T_c < 1)$ での等温曲線
p, v は臨界点の値でスケールされた圧力とモル体積.

$$g_B = \int_{A \to B} v\mathrm{d}p + g_A, \tag{4.12}$$

$$g_C = \int_{B \to C} v\mathrm{d}p + g_B, \tag{4.13}$$

$$g_E = -\int_{E \to D \to C} v\mathrm{d}p + g_C, \tag{4.14}$$

$$g_F = \int_{E \to F} v\mathrm{d}p + g_E, \tag{4.15}$$

$$g_G = \int_{F \to G} v\mathrm{d}p + g_F \tag{4.16}$$

などとなる．直線 BDF 上で，点 D が不安定であることは，すでに述べたが，B と F の安定性に関しては優劣がないと考えるのが妥当であろう．すなわち，$g_B = g_F$ が成立していると考えるべきである．不安定な分岐である曲線 C→D→E の部分は，圧力が減少する方向に向いているため，式 (4.14) の積分では，p の変化を逆にして，前に負号をつけてある (積分そのものは正になる)．大小関係を並べて書けば，$g_A < g_B < g_C$, $g_C > g_D > g_E$ (g_D の計算は省略されているが，類推で理解できよう)，$g_E < g_F < g_G$ となる．これらの積分結果を図示すれば，概略，図 4.5 のようになる．圧力を増加させていくときの変化を，この g–p 曲線上でたどれば，A から B (F) に移動した後，しばらく点 B (F) にとどまり (その間は，体積のみ変化)，すべてが点 F に移った後，G に向かうことになる．

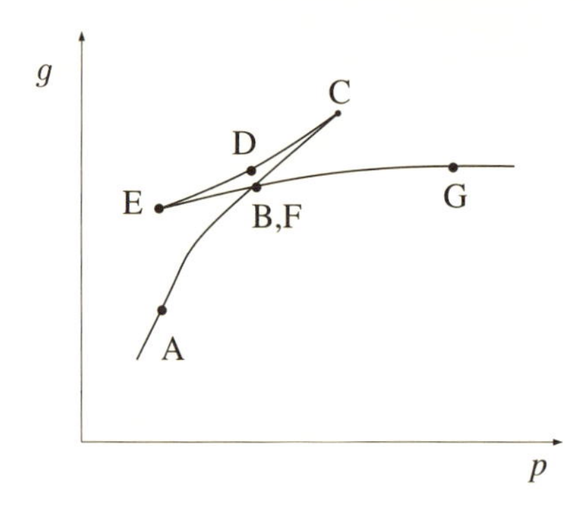

図 4.5 $T < T_{\mathrm{c}}$ ($t = T/T_{\mathrm{c}} < 1$) におけるファンデルワールスの状態方程式の等温曲線から得られるギブスの自由エネルギーの圧力依存性
横軸は P_{c} でスケールした圧力，縦軸は $V_{\mathrm{mol,c}}P_{\mathrm{c}}$ でスケールしたモル当たりのギブスの自由エネルギー．$g_{\mathrm{B}} = g_{\mathrm{F}}$ であることは取り込んである．

$g_{\mathrm{B}} = g_{\mathrm{F}}$ の条件からは

$$\int_{\mathrm{B}\to\mathrm{C}} v\mathrm{d}p - \int_{\mathrm{E}\to\mathrm{D}\to\mathrm{C}} v\mathrm{d}p + \int_{\mathrm{E}\to\mathrm{F}} v\mathrm{d}p = 0, \qquad (4.17)$$

すなわち

$$\int_{\mathrm{B}\to\mathrm{C}} v\mathrm{d}p - \int_{\mathrm{D}\to\mathrm{C}} v\mathrm{d}p = \int_{\mathrm{E}\to\mathrm{D}} v\mathrm{d}p - \int_{\mathrm{E}\to\mathrm{F}} v\mathrm{d}p \qquad (4.18)$$

が導かれる．左辺は図 4.4 に示した面積 S_1 に等しく，右辺は面積 S_2 に等しい．したがって，直線 BDF は面積 S_1 と S_2 が等しくなるように引く必要がある．このことは，**マクスウェルの等面積則**として知られている．ここでは，ファンデルワールス状態方程式に基づく議論を展開したが，気相–液相転移に関係した等温曲線や g–p 曲線は，一般に図 4.2 や 4.5 のように振る舞い，圧力変化，体積変化などは，現実の気体でも上述のものと本質的には変わらない．等面積則も非常に一般的に成り立つものである．このことは，上の議論が，本質的にファンデルワールスの状態方程式の詳細にはよらないものであることからも理解されよう．

B と C の間，あるいは E と F の間では，熱力学的安定性の条件 (圧縮率が正) は満たされているが，ギブスの自由エネルギーが最小ではない (例えば同じ圧力では，B と C の間の状態より，FG の分岐の状態の方がより低いギブスの自由エネルギーを持つので，安定になる) ため，真の意味では安定にならず，準安定状態と呼ばれる．

圧力を変化させることによって，気相–液相転移を起こさせることはできるが，我々がより身近に経験しているのは，温度を変化させることによる相転移であろう．ファンデルワールス状態方程式で得られる相転移の振る舞いを，温度変化の立場から議論することも可能である．準安定状態は，圧力を非常にゆっくり変化させるなどの方法で到達可能であるが，わずかな外的擾乱（じょうらん）によって，より安定な状態へと変化してしまう．

式 (4.8) を圧力一定のもとで，v を t の関数として表す関係式であると考えれば，図 4.6 に示すような，等圧曲線が得られる．$p < 1$ $(P < P_{\rm c})$ の低圧側が扱われている[*3)]．降温過程，昇温過程どちらで考えてもよいのであるが，まず，高温・低濃度の安定状態 a (気体状態) から，圧力一定のもとで，温度を下げる (熱を外部に放出する) 場合を扱おう．上述の定温過程の場合と同様，ギブスの自由エネルギー最小の状態をたどって，b に達し，温度も圧力も変化せず，熱の放出に伴って体積のみが減少する過程 b→d→f を経て，低温・高濃度の分岐 fg に達する．このようにして，高温の気体状態から，低温の液体状態への転移が起こる．逆に，g から出発して，熱を吸収し温度が上昇する過程を考えれば，液体から気体への転移が起こることになる．v と t は共役な関係にはないので，図 4.4 で見たような，等面積の法則に当たる関係は存在しない．

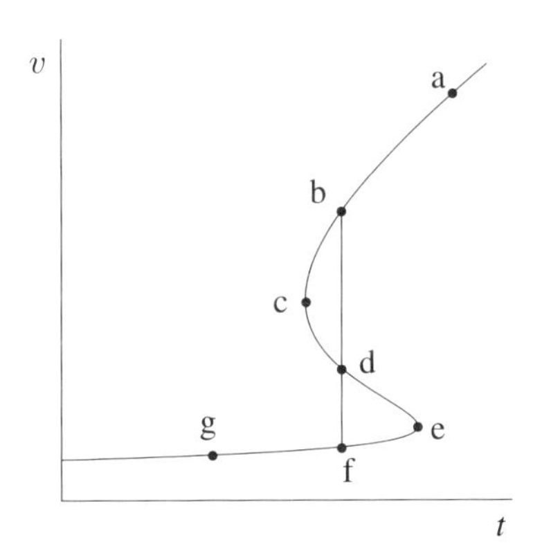

図 4.6　ファンデルワールスの状態方程式の $P < P_{\rm c}$ $(p = P/P_{\rm c} < 1)$ での等圧曲線
t, v は臨界点の値でスケールされた温度とモル体積．

---

*3)　$p < 1$ の条件下で，体積 v (> 0) の関数としての温度 t が極大と極小を持つことは，容易に確かめられる．

bとcの間，eとfの間の状態は，上で述べた準安定状態に当たるものであるが，前者は**過冷却気体** (supercooled gas)，後者は**過熱液体** (superheated liquid) と呼ばれる．準安定状態がファンデルワールスの状態方程式からどのように理解されるかを示すために，今度は温度と体積を独立変数にとり，温度を T_{c} より低い値に保って，体積を変化させてみよう．この場合，最も安定な状態は，ヘルムホルツの自由エネルギー F が最小の状態である (3.3 節参照)．温度は一定なので，ファンデルワールスの状態方程式を用いれば，F は次のように計算される．

$$
\begin{aligned}
F &= -\int P\mathrm{d}V \\
&= -nV_{\mathrm{mol,c}}P_{\mathrm{c}}\int p\mathrm{d}v \\
&= -nV_{\mathrm{mol,c}}P_{\mathrm{c}}\int \left\{\frac{8t}{3v-1}-\frac{3}{v^2}\right\}\mathrm{d}v \\
&= -nV_{\mathrm{mol,c}}P_{\mathrm{c}}\left\{\frac{8t}{3}\ln(3v-1)+\frac{3}{v}+f_0(t)\right\}. \qquad (4.19)
\end{aligned}
$$

ここで，n は系の物質量 (モル数)，$f_0(t)$ は t のみに依存する積分定数である．F を $nV_{\mathrm{mol,c}}P_{\mathrm{c}}$ でスケールしたものを $f\ (= F/nV_{\mathrm{mol,c}}P_{\mathrm{c}})$ とし，式 (4.19) に基づいて，f を v の関数として図示すると，図 4.7 のようになる．

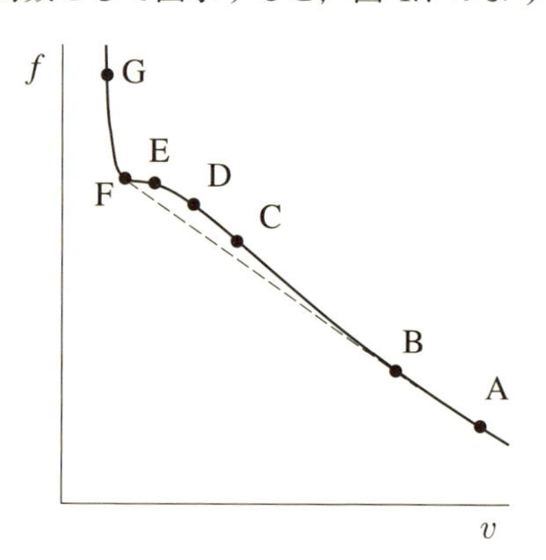

図 4.7　$T < T_{\mathrm{c}}$ $(t = T/T_{\mathrm{c}} < 1)$ におけるファンデルワールスの状態方程式から得られるヘルムホルツの自由エネルギーの体積依存性

横軸は $V_{\mathrm{mol,c}}$ でスケールしたモル体積，縦軸は $nV_{\mathrm{mol,c}}P_{\mathrm{c}}$ でスケールしたヘルムホルツの自由エネルギー．黒丸で示された点は，図 4.4 の記号と対応．この図を描く際，$t = 0.85$ としてある．

F を V で偏微分したものは，$-P$ に等しく，圧力 P が正であることに注意すれば，F は V の，したがって，f は v の減少関数になることは一般的に成り立つ．図 4.7 でもその性質は見られている．ファンデルワールスの状態方程式の場合，$t<1$ では，P は V の関数として，したがって，p は v の関数として極大と極小を 1 つずつ持つ．このことは，p を v で微分したものが 0 になる点が 2 つあることを意味する．p の v 微分は，f の v に関する 2 階微分にほかならないので，f の 2 階微分が 0 になる v の値が 2 つある，すなわち，v の関数としての f が変曲点を 2 つ持つことがわかる．図 4.7 では，点 C，点 E がそれに当たる．図 4.7 も定温変化に対応するので，図 4.4 と同様の順路をたどることができる．低濃度の領域 (気体に対応) にある点 A から出発して，体積を減らしていくと，点 B でファンデルワールス状態方程式から離れて，破線に沿って変化するようになる．破線は，点 B における接線であり，この直線の傾きは，点 B における圧力に負号をつけたものになる．次に，ファンデルワールス状態方程式に戻るのは，点 F に達したときであり，この点の圧力も点 B におけるものと同じ (図 4.4 参照) なので，破線は，点 F でも f–v 曲線に接していることになる．それ以降は，曲線に沿って高濃度の領域 (液体に対応) の点 G に向かう．点 C，点 E が変曲点であることから，図 4.7 で，ABC および EFG の部分は下に凸，CDE の部分は上に凸であることがわかる．下に凸の部分は 2 階微分が正であり，熱力学的に安定であるが，BC 部分，EF 部分は破線で表される値より，ヘルムホルツの自由エネルギーが大きいので，真に安定とはいえない．これが準安定状態に当たるものである．

4.3 潜熱の計算

相転移のより一般的な議論は，次章で扱うが，ここではファンデルワールスの状態方程式から相転移に伴う潜熱 (latent heat) を求める方法について説明しておこう．図 4.5 と 4.7 からわかるように，気相と液相の間の相転移における B→D→F の変化では，ギブスの自由エネルギーは変化せず，ヘルムホルツの自由エネルギーが変化する (気相から液相に変化する際，増加する)．これは，液相に変わっていく過程で，エントロピーが減少して，熱エネルギーが外部に放出されるためであると考えられる *4)．これは気体が熱エネルギーを液体よりも余分に持っているからであると考えるのが自然である．この余分な熱エネルギーを潜熱と呼ぶ．潜熱は次のような手順で計算することができる．まず，ヘルムホルツの自由エネルギー (4.19) を温度で微分することによってエントロピーを求める．

$$\begin{aligned} S &= -\left(\frac{\partial F}{\partial T}\right)_V \\ &= -\frac{1}{T_c}\left(\frac{\partial F}{\partial t}\right)_v \\ &= \frac{nV_{\mathrm{mol,c}}P_c}{T_c}\left\{\frac{8}{3}\ln(3v-1)+\frac{\mathrm{d}f_0(t)}{\mathrm{d}t}\right\}. \end{aligned} \tag{4.20}$$

したがって，点 B から点 F への定温変化におけるエントロピーの変化分は

$$\Delta S_{\mathrm{B}\to\mathrm{F}} = nR\ln\left(\frac{3v_{\mathrm{F}}-1}{3v_{\mathrm{B}}-1}\right) \tag{4.21}$$

となる．ここで，$v_{\mathrm{B}}, v_{\mathrm{F}}$ は，それぞれ，点 B，点 F に対する v の値であり，式 (4.5)〜(4.7) で与えられる $V_{\mathrm{mol,c}}$, T_c, P_c の表式を代入して，対数関数の前の因子を整理した．$v_{\mathrm{F}} < v_{\mathrm{B}}$ なので，$\Delta S_{\mathrm{B}\to\mathrm{F}}$ は負である．定温変化ではエントロピーの変化分に温度をかけたものが，系に吸収される熱量となるので，気体から液体への変化では，

$$\Delta Q = T|\Delta S_{\mathrm{B}\to\mathrm{F}}| \tag{4.22}$$

の熱量が，外部に放出されなければならない．これが，潜熱に当たる．逆に，液体から気体への変化に際しては，同じだけの熱量が，外部から供給される必要がある．夏の夕方，道路に打ち水をすると涼しく感じるのは，水が蒸発 (気化) する際に，周囲から熱を吸収するからである．

臨界点 $T = T_c$ (あるいは $t = 1$) では，$v_{\mathrm{B}} = v_{\mathrm{F}} = 1$ なので，$\Delta S_{\mathrm{B}\to\mathrm{F}} = 0$，したがって，$\Delta Q = 0$ すなわち，潜熱は 0 となる．

温度の関数としての潜熱を求めるには，$v_{\mathrm{B}}, v_{\mathrm{F}}$ を t の関数として求めなければならない．ファンデルワールスの状態方程式 (4.8) は，t 一定の条件下で，p を v の関数として定める方程式とみなすことができるが，v_{B} と v_{F} を決める条

*4) F には，$-ST$ が含まれることを思い起こすと理解しやすいであろう．

件は

$$p(v_{\mathrm{B}}) = p(v_{\mathrm{F}}) \tag{4.23}$$

と，図 4.4 の面積 S_1 と S_2 が等しいことの 2 つである．以下，t は定数パラメータであるとみなして計算を進める．図 4.4 に従って，面積 S_1 および S_2 を計算すると，次のようになる [*5)]．

$$S_1 = \int_{v_{\mathrm{D}}}^{v_{\mathrm{B}}} p\mathrm{d}v - p(v_{\mathrm{B}})(v_{\mathrm{B}} - v_{\mathrm{D}}), \tag{4.24}$$

$$S_2 = p(v_{\mathrm{F}})(v_{\mathrm{D}} - v_{\mathrm{F}}) - \int_{v_{\mathrm{F}}}^{v_{\mathrm{D}}} p\mathrm{d}v. \tag{4.25}$$

したがって，$S_1 = S_2$ の条件から得られる式は

$$\begin{aligned} p(v_{\mathrm{B}})(v_{\mathrm{B}} - v_{\mathrm{F}}) &= \int_{v_{\mathrm{F}}}^{v_{\mathrm{B}}} p\mathrm{d}v \\ &= \frac{8t}{3} \ln\left(\frac{3v_{\mathrm{B}} - 1}{3v_{\mathrm{F}} - 1}\right) + 3\left(\frac{1}{v_{\mathrm{B}}} - \frac{1}{v_{\mathrm{F}}}\right) \end{aligned} \tag{4.26}$$

となる．ここで，$p(v_{\mathrm{F}}) = p(v_{\mathrm{B}})$ であることを用いた．1 段目の関係式は，等面積則を図形的に見れば，当然の帰結である．2 つの式 (4.23) と (4.26) を連立させて，v_{B} と v_{F} を t の関数として解析的に求めることは，残念ながら一般には難しい．正確に求めたければ，数値計算などを利用するほかない．しかし，どちらの方程式に現れる係数も，1 のオーダーのものばかりであるので，解の v_{B} と v_{F} も一般的に 1 程度の値になると考えてよい [*6)]．t も 1 程度の領域を考えることにすれば，特殊な場合 (例えば，t が非常に 1 に近い場合) を除いて，潜熱は nRT_{c} の程度であることがわかる．したがって，1 分子当たりの潜熱は $k_{\mathrm{B}}T_{\mathrm{c}}$ 程度になる．

ところで，相互作用の効果があまり効かない気体の状態から，分子間距離が小さくなって，相互作用の影響が強くなる液体の状態に転移すると，1 分子当たりの相互作用ポテンシャル・エネルギーは減少すると考えられる．分子間相互作用にレナード=ジョーンズポテンシャル (4.9) を想定すれば，このポテン

---

*5) v を横軸，p を縦軸にして見直した方が理解しやすいかもしれない．

*6) このような，大ざっぱな見方は，物理学ではよくやる方法である．最初のうちは気持ち悪いと思うかもしれないが，なれてくると，具体的な計算ができないときでも，物理量の大きさの程度がわかることが重要であると認識できるようになるものである．

シャル・エネルギーは $-\varepsilon$ 程度になるであろう．潜熱はエントロピーの効果であるが，ポテンシャル・エネルギーの変化も同程度であると考えれば，

$$\varepsilon \sim k_{\mathrm{B}}T_{\mathrm{c}} = k_{\mathrm{B}}\frac{8a}{27Rb} \sim \frac{A}{B} \tag{4.27}$$

となることがわかる．4.1 節で議論したように，$B \sim \sigma^3$ なので，$A \sim \sigma^3\varepsilon$ 程度であると期待される．ここで示した評価は，大変大まかなものであり，確かめるためには，統計力学的な議論を深める必要がある．その議論は，初歩的な統計力学の範疇を超えているので，ここでは，これ以上深入りしないが，ここで用いたような大ざっぱな評価の仕方は，物理の理解のためには必要なものであり，少々紙面を使って説明した．

上で式 (4.23) と (4.26) を連立させて，v_{B} と v_{F} を t の関数として解析的に求めることは，難しいと述べたが，特殊な状況下では，ある程度解析的な計算が可能となる．

例題4.3-1 T が T_{c} の近傍 (ただし，$T < T_{\mathrm{c}}$) にあるとき，v_{B} と v_{F} を t の関数として求めよ．

[解答] この場合，t (< 1) だけでなく，v_{B} も v_{F} も 1 に近いことが予想されるので，すべてを 1 のまわりで展開することができる．$v_{\mathrm{B}} > 1 > v_{\mathrm{F}}$ になることに着目して，

$$v_{\mathrm{B}} = 1 + \delta v_1, \tag{4.28}$$

$$v_{\mathrm{F}} = 1 - \delta v_2 \tag{4.29}$$

とおき，$\delta v_1, \delta v_2$ に関して展開することを考える．後の都合上，δv_1 と δv_2 に関して 4 次の項まできちんと取り入れて展開する [*7]．その結果，式 (4.26) から

$$\begin{aligned}
&3(1-t)[\delta v_1 - \delta v_2 - (\delta v_1)^2 + \delta v_1\delta v_2 - (\delta v_2)^2] \\
&-\frac{1}{8}(27t-24)[(\delta v_1)^2 + (\delta v_2)^2](\delta v_1 - \delta v_2) \\
&\quad = 6(1-t)\delta v_1 - 9(1-t)(\delta v_1)^2 - \frac{1}{2}(27t-24)(\delta v_1)^3
\end{aligned} \tag{4.30}$$

[*7] 実際，結果を知らない場合には，1 次までの計算，2 次までの計算と順次実行して，矛盾のない結果が導けるかどうか確かめながらやってみるのであるが，ここでは，結果を見越したやり方で，説明する．

が導かれる．4 次まで含めたと述べたが，$(\delta v_1 + \delta v_2)$ という因子が括り出せるので，ここでは，3 次までしか残っていない．この式をじっと眺めて，δv_1 も δv_2 も，t が 1 より小さい側から，1 に近づくとき，$\sqrt{1-t}$ 程度の大きさになると見当をつける．この見当が正しいかどうかは，結果から判断する．そのような予想のもとで，式 (4.23) の方は，δv_1 と δv_2 に関して 1 次まで展開してみる．結果は次のようにまとめられる．

$$(48t - 21)(\delta v_1 - \delta v_2) - 24(1-t) = 0. \tag{4.31}$$

したがって，$t \to 1-0$ [*8] の極限で，$(\delta v_1 - \delta v_2)$ は $(1-t)$ 程度である．このため，$\sqrt{1-t}$ 程度まで正しい近似では，$\delta v_1 \simeq \delta v_2$ と考えてよいことになる．(4.31) に注意すれば，式 (4.30) の左辺はすべて無視することができ，また，右辺の第 2 項も $(1-t)^2$ 程度の大きさになるので，消してよい．δv_1 を決める式は，最終的に単純なものになり，

$$\delta v_1 = 2\sqrt{1-t} \tag{4.32}$$

となる．この結果は，最初考えた予想と矛盾せず，そのように仮定して求めた結果の正当性が確かめられたことになる．このように，特殊な極限においては，少々面倒な計算を必要とはするが，解析的な表式を導くことが可能である．■

ここで得られた結果は，臨界点近傍で気相と液相の密度の差が非常に小さくなることを意味している．臨界点近傍における相転移の問題は，第 5 章でもう少し一般的に議論することにしよう．

4.4　状態方程式のビリアル展開

ファンデルワールスの状態方程式で導入された，理想気体の状態方程式に対する補正項は，体積が大きい場合 (密度が小さい場合) はあまり重要でない．しかし，液相のように，分子密度が大きくなると，補正が無視できなくなる．このように考えると，斥力のコアを含む分子間相互作用の効果は，一般的に体積

[*8] “$1-0$” という書き方は，1 より小さい方から 1 に近づくことを意味する．

の逆べき展開 (あるいは，密度のべき展開) の形に表せるはずである．このような考察から，オランダの物理学者カマリン・オネス (p.63 参照) は，一般的な気体の状態方程式に対して，以下のような級数展開を導入した．

$$PV = nRT\left(1 + \frac{C_1 n}{V} + \frac{C_2 n^2}{V^2} + \cdots\right). \tag{4.33}$$

この級数表現は，**ビリアル展開** (virial expansion) と呼ばれる．また，この形式の展開を最初に提唱したカマリン・オネスにちなんで，カマリン・オネスの状態方程式と呼ぶこともある．式 (4.33) では，圧力を体積の関数として展開する立場を取っているが，一般に，密度が小さいことは圧力も小さいことを意味する．そこで見方を変えて，状態方程式が体積を圧力の関数として表すものと見て，式 (4.33) の右辺括弧内を圧力の級数展開で表現する場合もある[5)]．こちらもビリアル展開と呼ばれる．係数 $C_1, C_2, \ldots$ はビリアル係数と呼ばれ，一般に温度の関数である．

ファンデルワールスの状態方程式を体積 V の逆べきで展開すれば，対応するビリアル係数を求めることができる．最初の 2 つを示せば，以下のようになる．

$$C_1 = b - \frac{a}{nRT}, \tag{4.34}$$

$$C_2 = b^2. \tag{4.35}$$

ファンデルワールスの状態方程式と同様の，実在気体に対する現象論的状態方程式 [*9)] に，ドイツの物理学者ディーテリチ (Conrad Heinrich Dieterici, 1858–1929) が提唱したディーテリチの状態方程式

$$P = \frac{nRT}{V - nb'} \exp\left(-\frac{na'}{RTV}\right) \tag{4.36}$$

がある．b' はファンデルワールス状態方程式に出てくる b と同様の意味合いを持っているが，a' の方は，a とは少し違っている．最後の指数関数因子は，密度が小さい極限で 1 に近づくものであり，体積に関する逆べき展開が可能な形をしている．ビリアル展開の形に表し，ビリアル係数を求めてみると，

---

*9) 必ずしも，基本原理による裏づけはないが，現象の本質を捉えて，もっともらしい説明を与える理論を現象論という．

$$C_1^{(\mathrm{D})} = b' - \frac{a'}{RT}, \tag{4.37}$$

$$C_2^{(\mathrm{D})} = b'^2 - \frac{a'b'}{RT} + \frac{1}{2}\left(\frac{a'}{RT}\right)^2 \tag{4.38}$$

となる．上つきの (D) は，ディーテリチ方程式から得られるものであることを示す．上の式 (4.34), (4.35) と比較してみると，パラメータの意味が少し明らかになってくるであろう．

現象論的な状態方程式は，このほかにも多数考えられており，最初に提唱されたファンデルワールスの状態方程式の不十分なところを，いろいろな観点から，補う工夫がされている．以下に，そのいくつかをまとめて紹介しておこう．

$$P = \frac{nRT}{V - nb_{\mathrm{B}}} - \frac{n^2}{T}a_{\mathrm{B}}V^2 \quad (\text{ベルトロの方程式}), \tag{4.39}$$

$$P = \frac{nRT}{V - nb_{\mathrm{Cl}}} - \frac{n^2 a_{\mathrm{Cl}}}{(V - nc_{\mathrm{Cl}})^2} \quad (\text{クラウジウスの方程式}), \tag{4.40}$$

$$P = \frac{nRT}{V - nb_{\mathrm{Ca}} + nc_{\mathrm{Ca}}/T^{10/3}} \quad (\text{カレンダーの方程式}), \tag{4.41}$$

$$\begin{aligned} P = &\frac{nRT}{V^2}\left[V + B_{\mathrm{BB}}\left(1 - \frac{nb_{\mathrm{BB}}}{V}\right)\right] - \left(1 - \frac{nc_{\mathrm{BB}}}{VT^3}\right) \\ &- \frac{n^2 A_{\mathrm{BB}}}{V^2}\left(1 - \frac{na_{\mathrm{BB}}}{V}\right) \quad (\text{ビーティー–ブリッジマンの方程式}). \end{aligned} \tag{4.42}$$

ここで，P, V, n, T, R 以外は，気体の種類に依存するパラメータである．式 (4.39) はフランスの化学者で政治家でもあったベルトロ (Pierre Eugène Marcellin Berthelot, 1827–1907) が提唱したもので，温度が高くなると，分子間引力の効果が弱まることを取り入れるように工夫されている．ディーテリチの方程式では，その起源が統計分布にあると考えていることに対応している．式 (4.41) は，イギリスの物理学者カレンダー (Hugh Longbourne Callendar FRS, 1863–1930) によるもの，式 (4.42) はアメリカのビーティー (James A. Beattie) とブリッジマン (Oscar C. Bridgeman) が 1927 年に発表したものである．後発のものほど，工夫が増えて複雑になっており，現実の気体をより正確に記述できるように改良されているが，ファンデルワールスが最初に提案した方程式は，理想気体と実在気体の違いを単純な考え方で明確に捉えたものとして，重要な意味を持っている．少々定量的な不正確さはあっても，本質を理解するには，単純明快である方がよい．多くの熱力学の教科書で，ファンデルワールスの状態方程式が，詳しく取り上げられるのもうなずける．本質を外してさえいなければ，最も単純で美しいものが，最も永く生き残るというのは，物理学の歴史でしばしば見られることである．これらの現象論的な状態方程式は，みかけが異なっているが，ディーテリチ方程式の例で見たように，ビリアル展開の形にして比較すれば，パラメータの意味を考える助けになるであろう．

クラウジウスが最初に導入したといわれるビリアル (virial) という用語は，ラテン語の vires (強さを表す vis の複数形で「力」を意味する) から作られたものである．具体的には，系を構成する個々の粒子に働く力と，粒子の位置座標の内積を粒子に関して加え合わせた量 (より正確には，それに $-1/2$ を乗じたもの) を指す．熱力学におけるビリアル展開は，PV が系に外部から加えられるビリアル (外部ビリアル) に比例することから名づけられたものである．

▶統計力学的な扱いについて

さて，ビリアル係数を統計力学的に計算するには，分子間相互作用を含むハミルトニアンを用いて分配関数を求める必要がある．フルに量子論的な扱いで，この計算を実行することは，原理的に不可能でないにしても，非常に困難である．また，実用上の必要性もあまりない．実際には，古典極限 (運動エネルギーと相互作用エネルギーの量子力学的な非可換性を無視できる極限，具体的には高温極限など) での計算手法が古くからいろいろと工夫されている[5,8]．i 番目の構成分子の位置を $\boldsymbol{r}_i$，分子 i と j の相互作用ポテンシャルを $u(\boldsymbol{r}_i, \boldsymbol{r}_j)$ のように表すことにすれば，古典極限における分配関数 Z は次式で与えられる．

$$Z = \left(\frac{2m\pi k_{\mathrm{B}}T}{\hbar^2}\right)^{3N/2} \frac{1}{N!} \int \mathrm{d}\boldsymbol{r}_1 \cdots \int \mathrm{d}\boldsymbol{r}_N \exp\left(-\beta \sum_{i>j} u(\boldsymbol{r}_i, \boldsymbol{r}_j)\right). \tag{4.43}$$

ここで，m は分子の質量，N は分子の総数である．右辺の最初の因子は，式 (3.59) で求めた，運動エネルギーからの寄与である．分配関数の体積依存性は，後半の座標積分から得られる．この座標積分を実行するのが非常に面倒で，クラスター展開などの工夫がされているのである．この計算の実行は，基礎的な統計力学の範疇を超えているので，ここでは扱わず，計算の方法が存在していることだけを示すにとどめよう．興味のある読者は，参考文献を参照されたい[5,8]．

分配関数が求まれば，それからヘルムホルツの自由エネルギーを求め，体積で偏微分することによって，相互作用を考慮した場合の状態方程式が導かれる．具体的な計算で，密度の小さい場合の密度に関する展開を行えば，ビリアル係数も求められるというわけである．

4.5 気体の冷却

気体を冷却する方法には，断熱自由膨張を利用するもの (ジュール効果) や，多孔質の栓や細いノズルをむりやり通過させる絞り込み (スロットリング) を利用したもの (ジュール–トムソン効果) などがある．大切なのは，どの場合にも，気体分子間の相互作用が不可欠であって，理想気体として扱ったのでは，説明できないことである．本節では，気体を冷却するメカニズムについて説明しよう．

まず最初に，自由膨張によるものを取り上げる．図 4.8 のように，体積 V_{i} の容器に気体を閉じ込め，はじめに大きな体積 V_{f} の外界に通じる出入り口をふたで塞いでおき，次にそのふたを開けて，気体を外界に自由膨張させてみる．この際，気体は外部に仕事をすることもないし，外界との間で熱の出入りもない．したがって，気体の内部エネルギーは変化しないと考えてよい．ただし，自由膨張は自発的変化であるため，エントロピーは変化 (増大) する．途中の変化は，一般に非平衡状態を経由するので，熱力学的に記述することは困難である．し

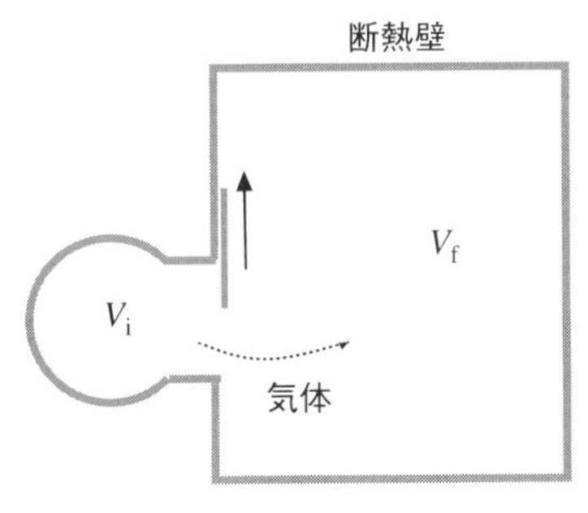

図 4.8 気体の断熱自由膨張

かし，気体が体積 V_{f} [*10)] 全体に広がった最終的な平衡状態は熱力学的に扱うことができる．つまり，最初の V_{i} に閉じ込められた平衡状態から，仮想的に準静的な可逆変化を経由して最終平衡状態に達したと考えるわけである [*11)]．この変化には物質量の変化はないので，内部エネルギー U を温度 T と体積 V の関数とみなして，

$$\mathrm{d}U = \left(\frac{\partial U}{\partial V}\right)_T \mathrm{d}V + \left(\frac{\partial U}{\partial T}\right)_V \mathrm{d}T = 0 \tag{4.44}$$

が成り立つ．この関係式から，

$$\mathrm{d}T = -\frac{(\partial U/\partial V)_T}{(\partial U/\partial T)_V}\mathrm{d}V \tag{4.45}$$

が得られ，一般に，体積変化から温度変化が生じることがわかる．ところが，2.2 節で示したように，理想気体の場合は式 (4.45) の右辺の分子は 0 になるので，自由膨張で温度が変化することはない．分子間相互作用が無視できない実在気体では，この限りではなく，自由膨張で温度変化が起こる．

例題4.5-1 ファンデルワールスの状態方程式に従う気体の場合に式 (4.45) の右辺を具体的に計算し，それを積分することによって，自由膨張の前後の温度差を，自由膨張の前後の体積を用いて表せ．

[解答] エネルギーの体積微分を，ファンデルワールスの状態方程式を仮定して計算すると，

$$\begin{aligned}
\left(\frac{\partial U}{\partial V}\right)_T &= \left(\frac{\partial U}{\partial S}\right)_V \left(\frac{\partial S}{\partial V}\right)_T + \left(\frac{\partial U}{\partial V}\right)_S \\
&= T\left(\frac{\partial P}{\partial T}\right)_V - P \\
&= \frac{nRT}{V-nb} - P \\
&= \frac{n^2 a}{V^2}
\end{aligned} \tag{4.46}$$

---

*10) 正確には，$V_{\mathrm{f}} + V_{\mathrm{i}}$ であるが，簡単のため，以下では，$V_{\mathrm{f}} + V_{\mathrm{i}}$ をあらためて V_{f} で表すことにしよう．

*11) この背景には，“平衡状態” が，どのような経路をたどって到達したかにはよらず，平衡状態を記述する状態変数 (体積，温度，物質量など) によってユニークに決まるという事実がある．

となる．2段目への変形には，ヘルムホルツの自由エネルギー F から導かれるマクスウェルの関係式 (3.115) を用いた．3段目，4段目の変形では，ファンデルワールスの状態方程式 (4.2) が用いられている．ただし，モル体積 V_{mol} の代わりに $V\ (= nV_{\mathrm{mol}})$ が使われている．式 (4.45) の分母は，定積熱容量 C_V にほかならないが，ファンデルワールスの状態方程式に従う気体の場合には，

$$\begin{aligned}\left(\frac{\partial C_V}{\partial V}\right)_T &= \left(\frac{\partial}{\partial V}T\left(\frac{\partial S}{\partial T}\right)_V\right)_T \\ &= -T\left(\frac{\partial}{\partial V}\left(\frac{\partial^2 F}{\partial T^2}\right)_V\right)_T \\ &= -T\frac{\partial^2}{\partial T^2}\frac{\partial F}{\partial V} \\ &= T\left(\frac{\partial^2 P}{\partial T^2}\right)_V \\ &= 0 \end{aligned} \tag{4.47}$$

であることが示される．この結果は，定積熱容量が，体積に依存しないことを意味し，したがって，気体の密度によらないと考えてよい．非常に希薄な極限では，分子間相互作用の効果は無視できるはずなので，ファンデルワールスの状態方程式に従う気体の定積熱容量は，理想気体のそれと同じと考えることができる．最も単純な単原子気体を仮定すれば，$C_V = 3nR/2$ とおくことができる．その結果，式 (4.45) は

$$\mathrm{d}T = -\frac{2na}{3RV^2}\mathrm{d}V \tag{4.48}$$

となる．式 (4.45) の右辺で $\mathrm{d}V$ の係数の負号を除いた部分は，ジュール係数と呼ばれるが，ファンデルワールスの状態方程式に従う気体の場合は，ジュール係数が $2na^2/3RV^2$ になることがわかる．式 (4.48) の両辺を積分し，初期温度を T_{i}，最終温度を T_{f}，初期体積，最終体積をそれぞれ $V_{\mathrm{i}}, V_{\mathrm{f}}$ とすると，

$$T_{\mathrm{f}} - T_{\mathrm{i}} = \frac{2na^2}{3R}\left(\frac{1}{V_{\mathrm{f}}} - \frac{1}{V_{\mathrm{i}}}\right) \tag{4.49}$$

が導かれる．自由膨張では $V_{\mathrm{f}} > V_{\mathrm{i}}$ なので，$T_{\mathrm{f}} < T_{\mathrm{i}}$ となって，気体の温度は自由膨張によって下がることがわかる．断熱自由膨張によって気体が冷却される効果は，ジュール効果として知られている． ■

上の例題の結果を物理的に考察すると，ジュール係数が引力相互作用のパラメータ a で決まっていることから，ジュール効果による降温は，引力相互作用ポテンシャル・エネルギーと運動エネルギーのやり取りにその原因があると理解できる．式 (4.46) は，温度一定のもとで，内部エネルギーが体積の増加関数になることを意味している．この増加の理由は，引力相互作用の効果が弱まることにある (引力相互作用ポテンシャル・エネルギーの寄与が少なくなって，ポテンシャル・エネルギーが増加する)．したがって，温度が一定のままで自由膨張するのであれば，内部エネルギーは増加しなければならない．断熱変化で，内部エネルギーの変化が抑えられているため，運動エネルギーは減少する必要がある．この運動エネルギーの減少が温度の降下となって現れると考えればよいであろう．炭酸ガス (CO_2) の場合を例に取ると，表 4.1 に挙げられているように，$a \simeq 0.40\,\mathrm{Pa}\cdot\mathrm{m}^2/\mathrm{mol}^2$ である．物質量を $n = 1\,\mathrm{mol}$，初期体積を $V_\mathrm{i} = 1\,\mathrm{L}$ $(= 10^{-3}\,\mathrm{m}^3)$ として，最大の温度降下 ($V_\mathrm{f} = \infty$ に対応) を見積もると

$$T_\mathrm{f} - T_\mathrm{i} = -32.1\,\mathrm{K} \tag{4.50}$$

となる．気体定数 R の値としては，式 (1.6) で示されたものを用いた．a の大きな気体ほど，この下げ幅は大きくなる．このことは，上の考察からも納得できるであろう．

次に，図 4.9 に示されているように，左側の容器に閉じ込められた気体が，細いノズルを通して結合している右側の容器に，ピストンによって押し出される場合を考えよう．ノズルの部分は，スポンジのような多孔質素材でできた栓であってもよい．左側の容器内にあるときの気体の温度，体積，内部エネルギーを $T_\mathrm{i}, V_\mathrm{i}, U_\mathrm{i}$，左側のピストンを通して働く圧力を P_i とし，右側の容器に全気体が移動した後の温度，体積，内部エネルギーを $T_\mathrm{f}, V_\mathrm{f}, U_\mathrm{f}$，右側のピストンが押す圧力を P_f とする．$P_\mathrm{i} > P_\mathrm{f}$ であれば，気体は左から右に絞り出される．ノズルや多孔質栓は気体の通過を妨げる効果があるので，絞り出すためには外部から仕事を加えなければならない．途中の変化は一般に非平衡なので，記述が難しいが，最初と最後の平衡状態の比較は，平衡系の熱力学で扱うことができる．

気体が左側のピストンから受ける仕事は $P_\mathrm{i}V_\mathrm{i}$，気体が右側のピストンに対し

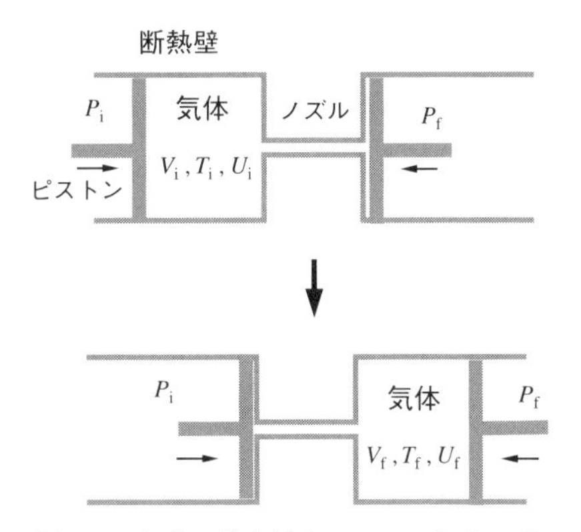

図 **4.9** 気体の絞り込み (スロットリング)
左側から，細いノズルを通して，右側に押し出す．ノズル部分は，多孔質栓に置き換えてもよい．

てなす仕事は $P_\mathrm{f}V_\mathrm{f}$ なので，気体が外界から受ける正味の仕事は前者から後者を引いたものになる．全体が断熱壁に囲まれているため，外部からの熱の流入，外部への流出は考えなくてよい．したがって，熱力学第 1 法則 (エネルギー保存則) より，

$$U_\mathrm{f} - U_\mathrm{i} = P_\mathrm{i}V_\mathrm{i} - P_\mathrm{f}V_\mathrm{f} \tag{4.51}$$

が成り立つ．したがって，

$$U_\mathrm{f} + P_\mathrm{f}V_\mathrm{f} = U_\mathrm{i} + P_\mathrm{i}V_\mathrm{i} \tag{4.52}$$

となり，この式は，絞り出しの前後で，エンタルピー $H = U + PV$ が不変であることを意味する．したがって，初期状態と終状態を結びつける準静的な可逆変化では，

$$\mathrm{d}H = T\mathrm{d}S + V\mathrm{d}P = 0 \tag{4.53}$$

が成り立っていると考えてよい．すなわち，

$$\mathrm{d}S = -\frac{V}{T}\mathrm{d}P \tag{4.54}$$

となり，V, T は正なので，スロットリングによる圧力の減少 ($\mathrm{d}P < 0$) がエントロピーの増加 ($\mathrm{d}S > 0$) を引き起こすことになる．最終的には温度変化を議論したいので，S と P の代わりに，T と P を独立変数に取ることにすれば，式

(4.53) は次のように変形される.

$$0 = T\left[\left(\frac{\partial S}{\partial T}\right)_P \mathrm{d}T + \left(\frac{\partial S}{\partial P}\right)_T \mathrm{d}P\right] + V\mathrm{d}P$$
$$= T\left(\frac{\partial S}{\partial T}\right)_P \mathrm{d}T + \left[T\left(\frac{\partial S}{\partial P}\right)_T + V\right]\mathrm{d}P$$
$$= C_P\mathrm{d}T - \left[T\left(\frac{\partial V}{\partial T}\right)_P - V\right]\mathrm{d}P. \tag{4.55}$$

C_P は気体の定圧熱容量であり，最後の段階では，ギブスの自由エネルギーから得られるマクスウェルの関係式 (3.116) を用いた．この結果は，

$$\mathrm{d}T = \mu_{\mathrm{JT}}\mathrm{d}P \tag{4.56}$$

の形に書き直すことができ，ジュール–トムソン係数と呼ばれる μ_{JT} は，次のように表される．

$$\mu_{\mathrm{JT}} \equiv \left(\frac{\partial T}{\partial P}\right)_H = \frac{1}{C_P}\left[T\left(\frac{\partial V}{\partial T}\right)_P - V\right]. \tag{4.57}$$

理想気体の状態方程式を用いれば，右辺の角括弧の中が打ち消し合うことは容易に確かめられる．すなわち，理想気体では，スロットリングによって気体を冷却することはできない．

ここまでの議論は，一般の気体に対して成り立つものであるが，具体的に μ_{JT} を計算するためには，気体の性質を定めなければならない．

例題4.5-2 ファンデルワールスの状態方程式を満たす気体 (ファンデルワールス気体) の場合に，ジュール–トムソン係数を評価せよ．ただし，熱容量に関しては，定積熱容量 C_V が $\frac{3}{2}nR$ である場合に対応させて，$C_P = \frac{5}{2}nR$ とおいてよいものとする．ファンデルワールスの状態方程式としては V_{mol} の代わりに V を用いた式 (念のため，再掲する)

$$P = \frac{nRT}{V - nb} - \frac{n^2 a}{V^2} \tag{4.58}$$

を用いよ．

［解答］ 式 (4.58) の両辺を，$P =$ 一定の条件下で，温度で微分すると，

$$0 = \frac{nR}{V - nb} - \left[\frac{nRT}{(V - nb)^2} - 2n^2\frac{a}{V^3}\right]\left(\frac{\partial V}{\partial T}\right)_P \tag{4.59}$$

となり，

$$\left(\frac{\partial V}{\partial T}\right)_P = \frac{V-nb}{T} \times \frac{1}{1-\{2na(V-nb)^2/(RTV^3)\}} \tag{4.60}$$

が導かれる．これと $C_P = \frac{5}{2}nR$ を式 (4.57) に代入して，

$$\mu_{\mathrm{JT}} = \frac{2}{5R}\frac{\{2a(V-nb)^2/(RTV^2)\}-b}{1-\{2na(V-nb)^2/(RTV^3)\}} \tag{4.61}$$

という少々複雑な式が得られる．この式の内容を理解するために，低濃度の極限 ($V \gg nb$, $RTV \gg na$) を考えることにすると，簡単化されて以下のようになる．

$$\mu_{\mathrm{JT}} \simeq \frac{2}{5R}\left(\frac{2a}{RT}-b\right). \tag{4.62}$$

■

上の結果から，温度を低温から上げていくと，ある温度 (**逆転温度** (inversion temperature) と呼ばれる) で，ジュール–トムソン係数が正から，負に変わることがわかる．気体がスロットリングで冷却されるか，加熱されるかはもとの気体の温度が逆転温度より低いか，高いかによる．低温側であれば，$\mu_{\mathrm{JT}} > 0$ となって，圧力の減少とともに温度も下がり，高温側であれば，圧力の減少とともに温度が上昇することになる．式 (4.61) を見れば，引力相互作用のパラメータ a は温度を下げる効果に寄与し，ハードコアのパラメータ b は温度を上昇させる効果に寄与することがわかる．

一般的に，逆転温度を求めるには，

$$T\left(\frac{\partial V}{\partial T}\right)_P = V \tag{4.63}$$

を T について解けばよい．逆転温度を T_{I} で表すことにすれば，ファンデルワールス気体の場合には，

$$T_{\mathrm{I}} = \frac{2a(V-nb)^2}{RbV^2} \tag{4.64}$$

となる．この関係式は，状態方程式 (4.58) と組み合わせることによって，T_{I} と圧力 P の関係に焼き直すこともできる．式 (4.64) を V に関する方程式とみなせば，両辺の平方根を取ることによって，

$$V = \frac{nb}{1 - \sqrt{bRT_{\mathrm{I}}/2a}} \tag{4.65}$$

となるので，これを (4.58) に代入すれば，

$$P = \frac{2}{b^2}\sqrt{2abRT_{\mathrm{I}}} - \frac{3}{2}\frac{RT_{\mathrm{I}}}{b} - \frac{a^2}{b} \tag{4.66}$$

が得られる．この，逆転温度と圧力の関係は，定性的に実験結果と矛盾しないことが知られている．

いったん逆転温度より低温になってしまえば，スロットリングを繰り返し使うことによって，気体が液化するまで冷却することが，原理的に可能である．

5 相転移の熱力学

第 4 章では，実在気体に対する現象論的状態方程式であるファンデルワールス状態方程式に基づいて，相転移がどのように記述されるかを論じた．相転移は熱力学や統計力学の重要なテーマの 1 つであり，物質の諸性質を制御して人類の生活に役立てるという意味からも学んでおくべきものである．実際の相転移現象を扱うためには，モデルを特定しなければならない場合もあるが，相転移に伴う熱力学的な考え方には一般的なものも少なくない．本章では，その一般的な側面を中心に，相転移の熱力学を学習することにしよう．

5.1 相図と相転移の分類

2 つ以上の熱力学変数の空間で，相境界の図形を描いたものを相図と呼ぶ．教科書などでよく見られるのは，温度と圧力のような 2 つのパラメータの平面上で描く相図であるが，多成分系のように成分比もパラメータとして考慮する必要がある場合には，3 次元空間での相図というものもありうる．

酸素 (O_2) や二酸化炭素 (CO_2) などのように 1 種類の分子だけからなる系の相図を温度 (T) と圧力 (P) の 2 次元平面上で描けば，おおむね図 5.1 のようになる．高圧，低温領域には固相 (固体) が存在し，低圧，高温領域には気相 (気体) が存在する．液相 (液体) はその中間領域に存在している．固相と液相を隔てている境界線は**融解曲線**と呼ばれ，液相側から融解曲線を横切って固相に移る相転移を**固化**あるいは**凝固**という．逆に，固相側から液相側に移る相転移は**融解**という．液相と気相の境界は，**蒸気圧曲線**と呼ばれ，液体と気体が安定に共存している際の，気体の圧力である**飽和蒸気圧** *1) を温度の関数として描いたものになっている．液相側から，蒸気圧曲線を横切って気相側に移る相転移は，**気化**あるいは**蒸発**という．蒸気圧曲線は，**気化曲線**と呼ばれることもある．逆に，気相から液相への相転移は**液化**あるいは**凝縮**と呼ばれる．蒸気圧曲線は，高温，高圧側に終端点を持ち，この点を**臨界点**と呼ぶ．臨界点より高温，高圧側では，気相と液相の区別は明確でなく，連続的な変化で気相と液相の間を移り変わることになる．気体と液体をまとめて**流体**と呼ぶこともあるが，臨界点近傍の流体は，密度ゆらぎが大きく，光散乱などに特徴的な性質 (**臨界白濁**) を示す．低圧，低温の領域では，固相と気相の間の (液相を経ない) 直接の相転移もあり，この場合は固相 → 気相，気相 → 固相のどちらも**昇華**と呼び，境界線は**昇華圧曲線**と呼ばれる．昇華圧曲線は，固体と気体が安定して共存する際の気体の圧力である**昇華圧** (飽和蒸気圧と呼んでもよい) を温度の関数として表したものになっている．昇華圧曲線は単に，**昇華曲線**と呼ばれることも多い．融

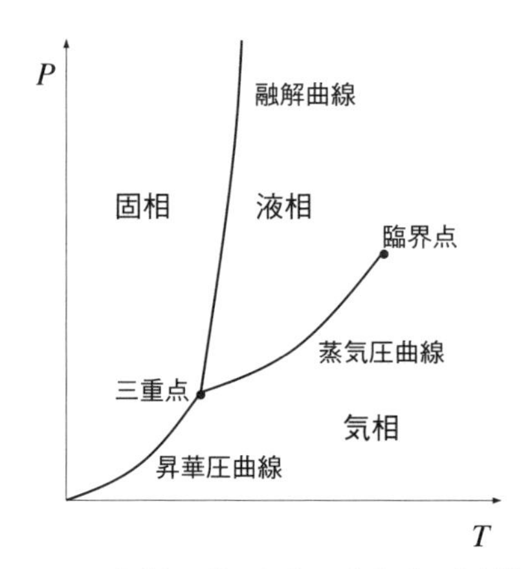

図 5.1 T–P 平面上に描かれた 1 成分系の典型的な相図

---

*1) 液体と共存している気体を蒸気という．「飽和」というのは，その蒸気の圧力が，飽和蒸気圧力より低ければ，さらに蒸発が起こり，飽和蒸気圧に等しくなったところで，それ以上の蒸発が起こらなくなることを意味している．気体 (気相) と液体 (液相) が安定に共存する (共存して熱平衡にある) というのは，マクロには蒸発も液化も起こらないということである．ミクロには，分子は気相と液相の間を行き来していてもよい．

解曲線，蒸気圧曲線，昇華圧曲線の 3 つは 1 点で交わり [*2)]，その交点は，三重点と呼ばれる．圧力を一定に保って，温度を下げていったとき，固化 (凝固) が始まる温度を，その圧力に対する凝固点と呼ぶ．

一般に，融解曲線，蒸気圧曲線，昇華圧曲線は図 5.1 に示されているように，右上がりになるのが普通であるが，最も身近な液体である水 (H_2O) の場合は，融解曲線が，三重点から 2 気圧程度までの圧力領域において右下がりになることが知られている．このため，温度が一定のもとで，圧力を増せば，融解が起こることになる．スケートで，氷の上をなめらかに滑ることができるのは，このためである．スケートのエッジの下の氷には，スケーターの体重が集中的に加わり，高い圧力が及ぼされるので，その部分だけ氷が溶けて液体になり，滑りやすくなるというわけである．スケーターが通り過ぎた後の氷は圧力から解放されるため，再び氷結し，平らな氷が復元するのである．スケートのエッジと氷の間で，このような熱力学的現象が繰り返し起こっていることは，大変興味深い．

◯スケートが氷上を滑ることに関する補足

上では，融点が圧力によって下がることの身近な応用例として，スケートが滑る理由の説明を取り上げた．これはアイルランドの物理学者で，地質学や医学の分野でも活躍したジョリー (John Joly, 1857–1933) が唱えた説に基づいている．彼の計算によれば，スケートの刃にかかる圧力は 500 気圧程度になり，この高圧で融点が約 3.5°C 下がると見積もられている．しかし，現実にはスケート靴を履いていなくても，氷は滑りやすいし，また −10°C よりはるかに低温でもスケートは滑ることが知られており，最近の研究では，圧力による融点降下だけではスケートが氷上を滑る仕組みを説明しきれないと認識されている．摩擦による発熱の効果なども考えられているが，最も有力なのは，氷の表面には，薄い液状の膜が形成されているというものである．これは固体表面の分子に働く力は，バルク (固体内部) にある分子に働く力と異なっているため，すなわち，外側には分子がないので受ける力は内側にある分子によるものだけであるため，表面分子の束縛は弱く，液状化しやすいことが原因である．もしも，そういう仕組みなのであれ

---

*2) 1 成分系の場合，考えられる相としては，気相，液相，固相の 3 つしかないため，境界線は必ず 1 点で交わる．

ば，金属やそのほかの固体結晶表面でも同じようなことが起こると期待されるが，必ずしもそうではない．氷を形成する水分子間の力や氷の結晶構造の特殊性なども考慮しなければならないのであろう．それらの影響で，氷表面の液状薄膜は，ほかの固体に比べて厚みがあるのかもしれない．いずれにしても，スケートが滑るというような，古くから知られた現象でも，その物理的メカニズムを正確に理解するためには，いろいろな要素を取り入れた注意深い考察が必要なのである．実際には，融点降下を含むいろいろな要素が複雑に絡まって，現象が起こっていると考えるのがよさそうである．

融解曲線が右下がりになるという特異性は別にして，上で述べたいろいろな相転移は，身近に存在する水で考えれば，理解しやすいであろう．河川の水や湖水，海水は太陽の熱を受けて蒸発 (気化) し，蒸気 (水の場合は特に水蒸気と呼ばれる) は，上昇して上空で冷やされ，液化して雨 [*3] となり，地上に落下する．また，水を 1 気圧 (1.013×10^5 Pa) のもとで，0°C に冷やせば，氷になるが，これが固化 (凝固) である．水の場合の凝固点は特に氷点と呼ばれる．水を加熱し，1 気圧のもとで 100°C まで昇温すると沸騰という現象が起こるが，これは飽和蒸気圧が外気圧以上になったときに実現し，外部の熱源に接している容器の底から気化が激しく起こるものである．各圧力に対し，沸騰のはじまる温度を沸点という．蒸気圧曲線は，沸点を圧力の関数として描いたものとみなすこともできる．沸騰がはじまると，加熱を続けても，水の温度はそれ以上高くならず，すべてが気化するまで，一定に保たれる．高い山の上では，気圧が低くなり，したがって，沸点も下がるため，水 (お湯) の温度が上がらず，お米を美味しく炊くことができなくなる．圧力釜で加圧して加熱調理するのは，水温を高くし，食材の調理を容易にする効果がある．氷の場合も，極地などの低温地域では，液化を経ずに気化する昇華現象が起こる．しかし，最も身近な昇華現象は，二酸化炭素の固体であるドライアイスで見られるものであろう．ドライアイスを常温・常圧で放置すれば，昇華によって気化し，いつの間にかなくなってしまう．ちなみに，ドライアイスから湯気が立ち上るように見えるのは，空気中の水分が冷やされて，液化し，微小な水滴になって雲のように見え

[*3] 温度が十分低ければ，雪や霰 (あられ)，あるいは雹 (ひょう) となることもある．

るためであり，二酸化炭素の蒸気そのものは，無色透明である．

水の三重点は温度が $T_\mathrm{t} = 273.16\,\mathrm{K}$，圧力が $P_\mathrm{t} = 611\,\mathrm{Pa}$ であり，この温度は絶対温度目盛りの基準点として利用されている．水の相転移は少々特殊なので，次節でもう少し詳しく説明する．

▶相転移の分類

相転移は準安定状態が存在するかどうかによって，大きく 2 つに分類される．準安定状態が存在する場合の相転移を**第 1 種相転移**，存在しない場合を**第 2 種相転移**と呼ぶ．第 4 章で扱ったファンデルワールス状態方程式による気相–液相間の相転移は臨界点を除けば，過熱状態や過冷却状態などの準安定状態が存在しているので，第 1 種相転移である．臨界点を通る相転移の場合は，準安定状態が消えているので，第 2 種相転移になる．

この分類とは別に，オーストリア出身の物理学者エーレンフェスト (Paul Ehrenfest, 1880–1933) は，熱力学関数の数学的振る舞いの違いによる分類方法を提唱した．すなわち，自由エネルギーを温度や圧力などの熱力学変数で微分したとき，$n-1$ 階微分までは連続であるが，n 階微分ではじめて不連続となる相転移を **$\boldsymbol{n}$ 次相転移**と呼ぶ分類法である．通常の気相–液相間，液相–固相間などの相転移は，ギブス自由エネルギーの圧力微分である体積に不連続が生じるので，**1 次相転移**に分類される．1 次相転移は第 1 種相転移と同じものを指していると考えてよい．2 次以上の相転移はすべて第 2 種相転移に含まれる．

ここで，第 4 章で説明したファンデルワールス状態方程式による相転移の，臨界点を横切るものについて考察しておこう．簡単のため，温度を臨界温度に保ち，圧力を変化させることを考える．このとき，体積の圧力微分は，式 (4.8) で $t = 1$ とおいて計算することができる [*4]．結果は，以下のようになる．

$$\frac{\mathrm{d}v}{\mathrm{d}p} = -\frac{v^3(3v-1)}{6(v-1)^2(4v-1)}. \tag{5.1}$$

この微分は，等温圧縮率に関係した量である．この結果は，ギブスの自由エネルギーの圧力に関する 2 階微分が，臨界点で発散することを意味している．エーレンフェストが提唱したのは，不連続が現れる場合を想定していたが，この例

[*4] 実際には，圧力を体積で微分する方が簡単である．最後の結果は，その逆数を取ればよい．

のように，発散が現れる場合も，不連続に準じて含めるのが普通である．したがって，ファンデルワールス状態方程式における臨界点での相転移は**2 次相転移**であるといってよい (臨界点では，体積が連続的に変化することに注意せよ)．

$n \geq 3$ の相転移も原理的には可能であり，特殊な場合には起こることも知られているが，通常は，1 次相転移と 2 次相転移でほとんどの相転移は説明できる．

熱力学では，物質の 3 相である，気相，液相，固相の間に生じる相転移が基本であるが，物質の状態のマクロな変化としての相転移は，このほかにも多数存在しており，物性物理学や統計力学の研究対象となっている．相転移は，ミクロなレベルでの構成要素間の相互作用が原因で起こるが，このことはファンデルワールス状態方程式による取り扱いからも明らかであろう．

例えば，固体の構成要素である原子や分子が磁気モーメント (量子力学的にはスピン) を持ち，磁気モーメント間に相互作用が存在する場合の物質は磁性体と呼ばれるが，相互作用は，磁気モーメントが何らかの形で整列した方がエネルギーが下がるように働く．そのため，低温では整列した方が安定である．しかし，有限温度では，エントロピーの大きい方が自由エネルギーが低くなるという性質があり，特に高温領域では，系が乱雑になった方が (すなわち整列しない方が) より安定になる．エネルギーとエントロピーの競合によって，磁気モーメントが整列した状態と非整列の状態の間の相転移が起こることになる [*5)]．同じ分子からなる固体であっても，その安定な結晶構造 (分子の規則的配列の構造) が，温度や圧力で異なる場合もあり，異なる結晶構造間の転移は，**構造相転移**と呼ばれる．物質の電気的性質が本質的に違ってしまう**超伝導転移**や**金属–絶縁体転移**なども相転移に含まれる．相転移は，物質の性質 (物性) が，外的パラメータによって大きく変化するものなので，物性の制御 [*6)] の観点からも重要である．

---

*5) 磁性体の相転移については，第 6 章で扱う．

*6) 物性を人類が制御できるということは，物質を生活のために役立てている我々にとっては重要なことであり，物性物理学の研究目的がそこにあるといっても過言ではない．

5.2　1 次相転移の一般論

1 次相転移の特徴の 1 つは，異なる相が共存する平衡状態がありうるということである．ある分子からなる物質が 2 相 (液相と固相，あるいは気相と液相など) 共存の平衡状態にあるとし，相 1 にある分子数を N_1，相 2 にある分子数を N_2，またそれぞれの化学ポテンシャルを μ_1, μ_2 で表すことにする．分子が定温，定圧の条件下で相 1, 2 の間を行き来することによって，ギブスの自由エネルギー G が変化すると考えると，式 (3.13), (3.15) に注意して

$$\mathrm{d}G = \mu_1 \mathrm{d}N_1 + \mu_2 \mathrm{d}N_2 \tag{5.2}$$

が成り立つことがわかる．ファンデルワールス状態方程式の場合に見たように，2 相共存は，$G =$ 一定の線上で起こる．したがって，式 (5.2) の左辺は 0 でなければならない．一方，物質が消えたり，生まれたりすることはないと考えれば [*7)]，$N_1 + N_2$ は保存される (一定である)．したがって，

$$\mathrm{d}N_1 + \mathrm{d}N_2 = 0 \tag{5.3}$$

が成り立つ．式 (5.2) で $\mathrm{d}G = 0$ とおいたものと，式 (5.3) から，2 相共存の平衡条件として

$$\mu_1(T, P) = \mu_2(T, P) \tag{5.4}$$

を得る．ここで，各相の化学ポテンシャルは，一般に温度と圧力の関数であることを明記した．この平衡条件は，温度と圧力の関係を決めており，T–P 平面上に 1 つの曲線を与える．この曲線は，(T–P 平面上の) **2 相共存曲線**と呼ばれる [*8)]．1 成分系の典型的な相図である図 5.1 における融解曲線，蒸気圧曲線，

[*7)] 相対論的なエネルギーの領域では，光から物質が生じたりすることも考えなければならないが，日常的なエネルギーの領域や，身近な物質系では，一般に物質の保存は成り立っていると考えてよい．ただ，最近医療分野で診断に用いられるようになった PET (positron emission tomography，陽電子放出断層撮影法あるいは単純にポジトロン断層法) では，陽電子崩壊 (陽電子を放出して崩壊すること，反 β 崩壊ともいう) する核種をトレーサーとして用い，放出された陽電子が周囲の原子の電子と結合して消滅するときに発生する光を通して放出陽電子を検出している．したがって，そこでは物質の保存が破られていることになる．このような現象も最近では徐々に身近になりつつあるが，本書ではそのような現象は扱わない．また，化学反応によってある分子の総数が変化するような現象も除外して考える．

[*8)] 本節の後半で，V–P 平面上の共存曲線を扱うが，T–P 平面上のものとは少し意味合いが異なるので注意を要する．

昇華圧曲線はすべて，2 相共存曲線である．

1 成分系では，相として，気相，液相，固相があり，どの 2 相間にも共存曲線が存在するので，3 種類の共存曲線がある．3 本の共存曲線が合流する点として，3 相共存の平衡状態が可能である．その平衡条件は，3 つの相の化学ポテンシャルの間に，

$$\mu_1(T,P)=\mu_2(T,P)=\mu_3(T,P) \tag{5.5}$$

の関係が成り立つことである．数学的にも，T–P 平面上で 1 つの点が定まることがわかる．この 3 相共存点は三重点 (図 5.1 参照) と呼ばれる．1 成分系の熱力学では，成分比のような自由度がないため，2 つの変数 (例えば温度と圧力) を決めると平衡状態がユニークに決まることになる．このため，1 成分系では 3 つ以上の相が共存することはない．これは，化学反応系の熱力学に興味を持っていたギブスが発見した相律 (**ギブスの相律**) の一例である．ギブスの相律は "s 成分系において同時に共存しうる相の数は，最大でも $s+2$ である" と表現される．

例題5.2-1 ギブスの相律を証明せよ．

[解答] s 成分系で k 個の相が共存する平衡状態が実現しているとする．成分 $i\ (=1,\ldots,s)$ の相 $j\ (=1,\ldots,k)$ における化学ポテンシャルを $\mu_i^{(j)}$ で表す．これらの化学ポテンシャルは，温度 T，圧力 P ならびにそれぞれの相における各成分のモル分率 (成分比) $\{x_i^{(j)}\}$ に依存することに注意する．モル分率を成分に関して加え合わせたものは 1 になるので，

$$\sum_{i=1}^{s} x_i^{(j)}=1, \tag{5.6}$$

それぞれの相で，独立なモル分率の数は $s-1$ 個である．したがって，平衡条件は各成分ごとに $k-1$ 個の等式で，すなわち $1\le i\le s$ の s 個の i に対して，次のように表すことができる．

$$\mu_i^{(1)}(T,P,x_1^{(1)},\ldots,x_{s-1}^{(1)})=\cdots=\mu_i^{(k)}(T,P,x_1^{(k)},\ldots,x_{s-1}^{(k)}). \tag{5.7}$$

独立な変数の数は，$2+k(s-1)$，条件となる等式の数は $s(k-1)$ なので，解が存在するためには，

$$2 + k(s - 1) \geq s(k - 1) \tag{5.8}$$

が成り立たなければならない．したがって，

$$k \leq s + 2 \tag{5.9}$$

であり，共存できる相の数の最大値は $s+2$ となる．■

1 次相転移のもう 1 つの特徴は，相転移に伴う潜熱の存在である．潜熱に関しては，第 4 章でもファンデルワールス状態方程式に関連して議論したが，ここでは，一般的な見地から説明をしておこう．

1 次相転移では，自由エネルギー (ヘルムホルツの自由エネルギーでも，ギブスの自由エネルギーでもよい) の温度微分に比例するエントロピーに跳びが現れる．一般に，気体，液体，固体の順に系の乱雑さは減少するので，エントロピーもこの順で小さくなっていく．エントロピーに跳びが現れるということは，ギブス (あるいはヘルムホルツ) の自由エネルギーを温度の関数として描いたとき，図 4.5 の G–P 曲線に見られたような折れ曲がりが生じることを意味する．エントロピー S と温度 T の関係をグラフにすれば，1 次相転移は温度一定の S 軸に平行な線分に沿って起こることになる．この線分の長さが，エントロピーの跳びに当たり，この跳び ΔS にそのときの温度 T をかけた $T\Delta S$ は潜熱と呼ばれる [*9)]．液体が気体になるためには，潜熱を吸収しなければならず，逆に気体が液体に変わる場合には，潜熱の放出が行われる．固体，液体間でも固体，気体間でも同様である．圧力一定のもとでエントロピーの変化がある場合，熱力学関数としてはエンタルピー H を用いるのが，便利である．定圧下における 1 次相転移によるエンタルピーの変化は

$$\Delta H = \int T \mathrm{d}S = T\Delta S \tag{5.10}$$

で与えられる (転移の間，温度が変化しないことを用いている)．これは潜熱にほかならず，潜熱に対して，**融解エンタルピー**，**蒸発エンタルピー**などの表現

---

*9) 熱は，もともと物体の温度を上げる効果のあるものとして捉えられていた．熱を与えて，温度が上がれば，それは顕熱 (sensible heat) といわれる．1 次相転移の場合は，熱が吸収されるにもかかわらず，温度上昇が起こらないので，潜熱 (latent heat) と呼ばれるのである．潜熱の代わりに，転移熱 (heat of transition) という術語が使われることもある．

が用いられる場合もある．

潜熱は，モル当たりの熱エネルギーとして表すのが普通である [*10)]．気相・液相間の転移にかかわる潜熱は，特に**気化熱**と呼ばれる．また，固相・液相間の転移にかかわる潜熱は**融解熱**と呼ばれる．一般に，潜熱は温度に依存する．ここで，代表的な物質の常圧下 [*11)] での沸点や凝固点における潜熱の値を表にまとめておこう．

表 5.1　いくつかの物質の常圧下での沸点，融点およびその温度での潜熱[3)]
温度は便宜上摂氏温度で示してある．t°C が T K であるときの変換式は，$T = t + 273.15$ である．

物質	沸点 (°C)	潜熱 (kJ/mol) (気化熱)	融点 (°C)	潜熱 (kJ/mol) (融解熱)
アンモニア (NH_3)	−33.5	23.4	−77	5.66
一酸化炭素 (CO)	−191.6	6.0	−205.1	0.84
エタノール (C_2H_5OH)	78.3	38.6	−114.5	5.02
塩化水素 (HCl)	−85.1	16.2	−114.2	1.97
塩素 (Cl_2)	−34.1	20.4	−101	6.41
酸素 (O_2)	−183.0	6.8	−218.8	0.44
水銀 (Hg)	356.7	58.1	−38.8	2.33
水素 (H_2)	−252.8	0.904	−259.3	0.12
窒素 (N_2)	−195.8	5.58	−209.9	0.72
水，氷 (H_2O)	100	40.7	0.0	6.01
メタノール (CH_3OH)	64.7	35.3	−97.8	3.17

水の場合，分子量は 18 なので，熱の仕事当量 (1.1) を用いて変換すれば，グラム当たりの潜熱は，気化熱が約 540 cal/g，融解熱が約 80 cal/g となる．液体の水は比熱が約 1 cal/g なので，氷 1 g が溶けることによって，約 80 g の水の温度を 1°C 下げることができる．暑いときに飲む飲み物に氷を入れて冷やすのは，水の温度を下げる効果が大きいからである．一般に，気化熱は融解熱より大きい．これは，密度の変化の大きさからも予想されることである．

---

*10) 以前には，グラム当たりのカロリー数として表すことが多かったが，国際標準単位の取り決めで，潜熱の単位は J/mol とするのが標準となった．

*11) 常圧とは，通常の大気圧，すなわち 1 気圧 (付録 C 参照) 程度の圧力を意味する．

▶共存曲線

ファンデルワールス状態方程式の例で見たように，1 成分系における気相と液相の共存領域を V–P 平面上に描くと，臨界温度 $T_{\rm c}$ 以下の温度で，温度ごとに V 軸に平行な線分として表される (図 4.4 の線分 BF)．ファンデルワールス状態方程式は，固体領域まで扱えるようなモデルではないので，具体的な例を示すことはできないが，このような共存領域は，液相，固相間にも存在していて，温度が同じならば，気・液共存領域の線分よりは，高圧，小体積側に，やはり V 軸に平行な線分として表される．温度を連続的に変化させ，これらの線分の端をつないでできる曲線を，**共存曲線**と呼ぶ．共存曲線によって，気体領域，液体領域，固体領域，および共存領域が分けられる．相図が図 5.1 のようになっている場合の典型的な共存曲線を図 5.2 に示す．

気・液共存領域の線分は，温度が低温側から $T_{\rm c}$ に近づくにつれ，高圧側に移動しながら短くなり，$T_{\rm c}$ では 1 点になる．また，液体だけの領域は三重点以下の温度では存在せず，ちょうど三重点の温度 $T_{\rm t}$ では気・液共存の線分と固・液共存の線分が一直線に並ぶ．相図が図 5.1 のようになっている限り，三重点の温度以下では，固相と気相の共存だけが可能である．

上記の議論は，融解曲線が右上がりの (すなわち T–P 平面で正の傾きを持つ)

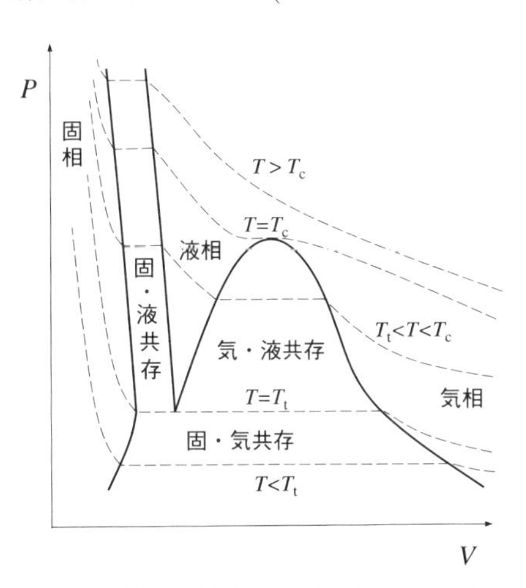

図 5.2 V–P 平面上に描かれた 1 成分系の典型的な共存曲線
破線は，個々の温度での等温曲線を表す．

場合に該当するものであり，水 (H_2O) の場合のように，右下がりの融解曲線の場合は違ったものになる．図 5.3 に水の相図の概略を示す．水の場合，三重点や臨界点の付近では，融解曲線が図に示されているように，右下がりになっている．ただし，約 2,000 気圧を超える高圧領域では，右上がりに転じる (図に

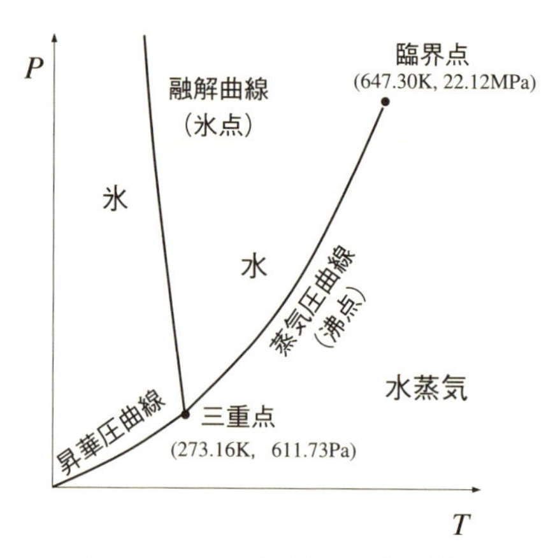

図 **5.3**　T–P 平面上での水の相図
三重点，臨界点が見やすくなるように，デフォルメして描いてある (実際のスケールには合っていない).

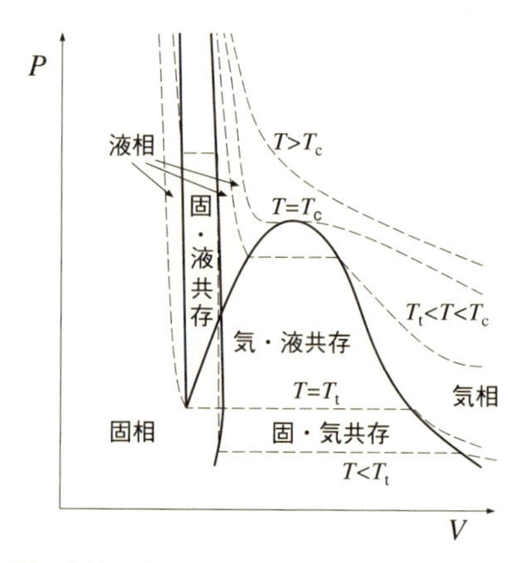

図 **5.4**　融解曲線が右下がりである場合の共存曲線 (概略図)
破線は，各温度での等温曲線を表す．

はそのような高圧領域は示されていない)[*12].

融解曲線が右下がりの場合，三重点 (T_t) より低温側で，定温加圧を行うと，まず固・気共存状態が現れ，すべてが固化した後，さらに加圧を続けることによって，今度は固・液共存状態が実現し，そのまま加圧するとすべてが液体になる．気・液共存に関しては，図5.2の場合と基本的に変わることはない．したがって，共存曲線の概略は図5.4のようになる．図5.2の場合でも同じだが，共存曲線から，各圧力に対して，固体としての最大体積，液体としての最小体積が存在することがわかる．融解曲線が右下がりの場合には，液体としての最小体積の方が，固体としての最大体積よりも小さくなる．このことが，氷が水に浮くことの理由になっている．水のこのような特殊性は，氷山や流氷の現象に見られるように，生態系に大きな影響を与えている．固・液共存領域と液相領域は，重なって見えるが，まったく違った温度に対するものなので，状態としては異なっていることに注意する．

▶ クラペイロン–クラウジウスの式

次に，T–P 平面上の相境界線に沿って P, T を変化させることを考えてみよう．境界線を挟む2つの相を，相1，相2とする．P, T の変化に伴って，各相のギブスの自由エネルギーも変化するが，境界線に沿っての変化であるため，2つの相の自由エネルギーは等しいまま変化しなければならない．したがって，変化分に関して $\mathrm{d}G_1 = \mathrm{d}G_2$ が成り立つ．P, T の変化は両相に共通であり，粒子数の変化はないという条件下で変化させるものとすれば [*13]，

$$V_1 \mathrm{d}P - S_1 \mathrm{d}T = V_2 \mathrm{d}P - S_2 \mathrm{d}T \tag{5.11}$$

が成り立つことになる．ここで，V_i, S_i はすべてが相 i になっているときの体積およびエントロピーである．この結果から，共存線に沿って圧力を温度で微分したものは，以下のように計算される．

$$\left.\frac{\mathrm{d}P}{\mathrm{d}T}\right|_{\text{共存線}} = \frac{S_1 - S_2}{V_1 - V_2} = \frac{\Delta H}{T \Delta V}. \tag{5.12}$$

[*12] 水の固相である氷はいろいろな結晶構造の相が存在し，多形相と呼ばれる．氷の多形相の研究は，20世紀の初頭にはじまった，比較的新しい分野である．

[*13] 粒子数は，P, T とは独立の変数なので，こういう条件は許される．

ここで，ΔH $(= T(S_1 - S_2))$, ΔV $(= V_1 - V_2)$ は転移に伴う潜熱 (転移エンタルピー) および体積変化である．この関係式はクラペイロン–クラウジウスの式と呼ばれる．クラペイロンは熱素説 (熱は目に見えない物質であるとする学説) の信奉者であり，この関係式を熱素説の考え方に基づいて導いたが，後にクラウジウスによって，近代的な熱力学による証明が与えられた．現在では，熱素説が信じられることはなくなったが，熱素説の考え方によっても，いろいろな熱的現象が説明できてしまったことが，長い間熱素説を生き残らせた理由の 1 つである．

クラペイロン–クラウジウスの式を用いれば，潜熱および体積変化の測定から，共存線に沿っての圧力と温度の関係 (言い換えれば，沸点の圧力依存性や融点の圧力依存性など) を知ることができる．例えば，100°C で沸騰する水の場合，蒸発前の水の密度は $0.9583\times10^3\,\mathrm{kg/m^3}$，蒸発後の水蒸気の密度は $0.598\,\mathrm{kg/m^3}$ であるので[3)]，1 g の水について考えれば，$\Delta V = 1.67\times10^{-3}\,\mathrm{m^3/g}$，と評価される．また，潜熱は表 5.1 から 1 g 当たりに換算すれば，$\Delta H = 2.26\times10^3\,\mathrm{J/g}$ となるので，$T = 373\,\mathrm{K}$ を代入して，

$$\left.\frac{\mathrm{d}P}{\mathrm{d}T}\right|_{\text{共存線}} = 3.62\times10^3\,\mathrm{Pa/K} \tag{5.13}$$

が導かれる．ここで，$\mathrm{J/m^3 = N/m^2 = Pa}$ であることを用いた．山上での気圧は高度差 100 m 当たり約 10 hPa 下がるので，式 (5.13) から 100 m 登るごとの沸点の変化を大ざっぱに見積もれば，約 0.28 K/100 m となる．また，水の融解曲線は右下がりになるが，潜熱は正であるので，クラペイロン–クラウジウスの式を見れば，このことは液相の方が体積が大きくなることに対応していると理解される．右下がりの融解曲線が，スケートで氷上を滑ることができる理由の 1 つになっていることは，前節でも述べた．

5.3 2 次相転移の一般論

5.1 節で述べたように，1 次相転移では，自由エネルギーの 1 階微分に相当するエントロピーや体積に跳びが生じるが，2 次相転移ではこれらの 1 階微分に相当する量は連続で，それらの量を温度など相転移を引き起こすパラメータ

に関して微分したものに跳びや発散が現れるのが特徴である．気相–液相間の転移における，臨界点を横切る相転移は，まさにそのような 2 次転移になっている．そのほかにも，磁性体や超伝導体における相転移に 2 次転移の例が多く見られる．

2 次相転移の一般論を理解するために，まず，気相–液相境界の臨界点における相転移の振る舞いを考察しておこう．図 5.2 では V–P 平面上で共存曲線を描いたが，圧力一定の条件下で加熱あるいは冷却することによって，温度，体積を変化させた場合に得られる共存曲線を V–T 平面上に描くことも可能である．H_2O のような特殊な場合を除けば，ほとんどの 1 成分系における共存曲線は v–t 平面上で，おおむね図 5.5 のようになる．ただし，t, v は臨界点での値でスケールした温度 $(t = T/T_{\rm c})$，体積 $(v = V/V_{\rm c})$ である．

共存曲線の図 5.5 で，t が最大値を取る点が臨界点 $((v, t) = (1, 1))$ である．臨界点近傍での t と v の関係は，図の形状からも推察できると思うが，一般に

$$(1 - t)^{\beta} \propto |v - 1| \tag{5.14}$$

のように表すことができる．指数 β は共存曲線の次数と呼ばれる．状態方程式が与えられれば，ファンデルワールス状態方程式のところで示したように，共存曲線上の 2 点 (v_1, t) と (v_2, t) がともに臨界点に近いと仮定し，$(1 - v_1)$ およ

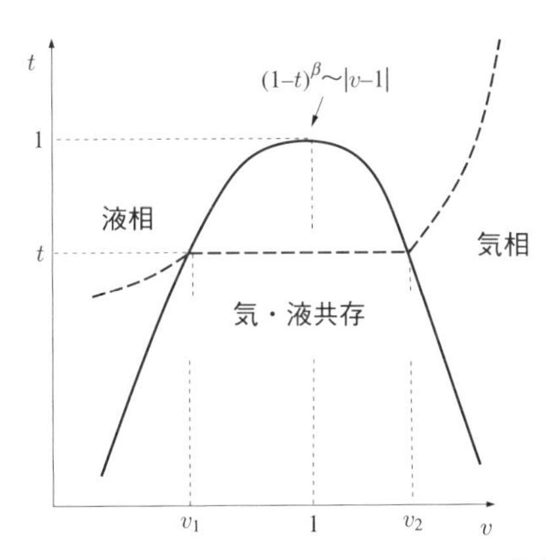

図 5.5　v–t 平面上に描かれた 1 成分系における典型的な気相–液相共存曲線
破線は，等圧曲線の例を表す．t, v は臨界点での値でスケールされた温度，圧力を表す．

び $(v_2 - 1)$ を，等圧条件およびマクスウェルの等面積則に基づいて，t の関数として求めることによって指数 β を定めることができる．4.3 節で導いたように，ファンデルワールス状態方程式の場合は

$$v_2 - 1 = 1 - v_1 = 2\sqrt{1-t} \tag{5.15}$$

となるので，共存曲線の次数は $\beta = 1/2$ である．実際の 1 成分気体では，実験的に多くの場合 $\beta \simeq 0.34 \simeq 1/3$ であることが知られている[8,9]．ファンデルワールス状態方程式は，半ば直感的に導かれたものであり，気相–液相転移を起こしうるという点では大変優れたものであるが，共存曲線の次数のような量を正しく与えることはできていない．この次数を正しく与えうるかどうかは，モデルとしての状態方程式に対する試金石の 1 つとなっている．

臨界点近傍での振る舞いに関し，同じような議論を v–p 面上でも考えることができる．臨界等温曲線 (すなわち $t = 1$ の場合の p と v の関係) に沿って，臨界点に近づくとき，実験的には $p - 1$ が $(v - 1)$ の 4 乗より大きなべきで 0 に近づくことが示されている．臨界等温曲線は，図 5.2 の $T = T_{\mathrm{c}}$ の場合の破線である．したがって，上述の臨界等温曲線の振る舞いは，

$$p - 1 \propto |v - 1|^{\delta} \mathrm{sign}(1 - v) \tag{5.16}$$

のように表すのが適切である．ここで，$\mathrm{sign}(z)$ は符号関数であり，引数が正のとき $+1$，負のとき -1 になる．指数 δ は実験的に $4 < \delta < 6$ であることが知られている[8]．

例題5.3-1 ファンデルワールス状態方程式が成り立つ場合に δ を具体的に計算せよ．

[解答] ファンデルワールス状態方程式の場合は，式 (4.8) で，$t = 1$ とおいたものが臨界等温曲線であり，

$$p = \frac{8}{3v - 1} - \frac{3}{v^2}, \tag{5.17}$$

p も v も 1 に近いと考えて，そのまわりで展開すれば，

$$p - 1 \simeq \frac{3}{2}(1 - v)^3 \tag{5.18}$$

となり，$\delta = 3$ を与えることがわかる．ここでも，ファンデルワールス状態方程式は現実の系を完全には記述できていないことになる．■

共存曲線や，臨界等温曲線の臨界点における特徴的な振る舞いは，物質の性質を記述する諸係数にも反映される．物質系の性質を実験的に調べる際に取られる標準的な手法は，系に人為的な変化を導入し，それに対し，系がどのように応答するか調べることである．熱エネルギーを注入して，温度変化の応答を見る比熱 (あるいは熱容量) や，圧力を変化させて，体積変化の応答を見る圧縮率などはその典型例であろう．以下で，臨界点近傍におけるそれらの熱力学的な応答係数の振る舞いを考察してみよう．

▶等温圧縮率

臨界点における値でスケールした圧力 p，体積 v，温度 t を用いることにすれば，等温圧縮率 κ_T は，次式で定義される．

$$\kappa_T = -\frac{1}{vP_{\mathrm{c}}}\left(\frac{\partial v}{\partial p}\right)_t . \tag{5.19}$$

温度が臨界温度 $t = 1$ を横切るときの κ_T の振る舞いを見るために，$t > 1$ に対しては，体積を臨界体積に固定して ($v = 1$)，t を上から 1 に近づけた場合を考え，$t < 1$ に対しては，共存曲線に沿って t を下から 1 に近づけた場合を考えることにする．

このとき，どのようなことが期待されるかを理解するために，ファンデルワールス状態方程式の場合に具体的計算を実行してみよう．式 (4.8) は p を v の関数として表す形となっているので，式 (5.19) の右辺の微分を求めるには，p を v で微分し，逆数を取ればよい．

$$\left(\frac{\partial v}{\partial p}\right)_t = \frac{1}{6}\left[-\frac{4t}{(3v-1)^2} + \frac{1}{v^3}\right]^{-1} . \tag{5.20}$$

$t > 1$ の場合は，ここで $v = 1$ とおいたものを式 (5.19) に代入することによって (当然，右辺の分母にある v も 1 とする)，

$$\kappa_T = \frac{1}{6P_{\mathrm{c}}}\frac{1}{t-1} \tag{5.21}$$

が導かれる．$t \to 1+0$ のとき，逆数の発散があることがわかる．また，$t < 1$

の場合は，気相では $v = v_2$，液相では $v = v_1$ とおけばよい．臨界点近傍では，$\delta v_2 = v_2 - 1$ ならびに $\delta v_1 = 1 - v_1$ がそれぞれ 1 に比べて十分小さいことに注意して，展開すれば，気相 (gas)，液相 (liq) それぞれに対して，

$$\begin{aligned}\kappa_T^{\mathrm{gas}} &\simeq -\frac{1}{6P_{\mathrm{c}}}\left[1 - 3\delta v_2 + 6(\delta v_2)^2 - t\left(1 - 3\delta v_2 + \frac{27}{4}(\delta v_2)^2\right)\right]^{-1} \\ &\simeq \frac{1}{12P_{\mathrm{c}}}\frac{1}{1-t},\end{aligned} \tag{5.22}$$

$$\begin{aligned}\kappa_T^{\mathrm{liq}} &\simeq -\frac{1}{6P_{\mathrm{c}}}\left[1 + 3\delta v_1 + 6(\delta v_1)^2 - t\left(1 + 3\delta v_1 + \frac{27}{4}(\delta v_1)^2\right)\right]^{-1} \\ &\simeq \frac{1}{12P_{\mathrm{c}}}\frac{1}{1-t}\end{aligned} \tag{5.23}$$

を得る．ここで，$\delta v_2 = \delta v_1 = 2\sqrt{1-t}$ であることを用いた．最終的な表式を導く際には，$(1-t)^{3/2}$ 程度の項を無視している．また，式 (5.19) の右辺，分母の v は 1 にしてある．実際，この v の 1 からのずれの効果は，$1-t$ に関する最低次の近似では無視できる．低温側でも高温側と同様に逆数の発散は見られるが，高温側に比べ，係数は半分になっている．

現実の系でもこのような発散は見られており，

$$\kappa_T \propto (t-1)^{-\gamma} \quad (t > 1), \tag{5.24}$$

$$\kappa_T^{\mathrm{liq}} \propto (1-t)^{-\gamma'} \quad (t < 1), \tag{5.25}$$

のように表せば，$\gamma \sim 1.3$, $\gamma' \sim 1.24$ という実験値が得られている．

▶定積比熱

定積モル比熱を c_V で表すことにすると，臨界点近傍で

$$c_V \propto (t-1)^{-\alpha} \quad (t > 1), \tag{5.26}$$

$$c_V^{\mathrm{liq}} \propto (1-t)^{-\alpha'} \quad (t < 1), \tag{5.27}$$

のように振る舞い，実験的には $\alpha = \alpha' = 0.1$ 程度になることが知られている．γ や α は一般に**臨界指数**と呼ばれている．臨界指数は，系の詳細にはよらず，系の持っている基本的な対称性だけで決まる普遍的な数値であると期待されており，臨界指数を知ることは，系の持つ基本的な対称性に関する知見を得るた

めの手がかりになると考えられている.

α や α' が 1 に比べ小さいということは, 比熱の発散が, 対数発散に近いものとして観測されることを意味している. 比熱の異常を計算によって求める場合, 全系の体積を V に固定する条件下で, 低温側の 2 相共存状態での定積モル比熱は,

$$c_V = \frac{\partial}{\partial T}[x_1 u_1(T, V_1) + x_2 u_2(T, V_2)] \tag{5.28}$$

のように計算される. V_1, V_2 は温度 T に対応する共存曲線上の液相および気相のモル体積, $u_1(T, V_1)$ と $u_2(T, V_2)$ はすべてが液体あるいは気体であるときのモル当たり内部エネルギー, x_1, x_2 は液体および気体の状態にある分子のモル分率を表す. モル分率の和は 1 で不変なので, 上式は以下のように書き換えられる.

$$c_V = x_1 \frac{\partial u_1(T, V_1)}{\partial T} + x_2 \frac{\partial u_2(T, V_2)}{\partial T} + (u_1 - u_2)\frac{\partial x_1}{\partial T}. \tag{5.29}$$

ここで, 固定すべき体積 V は

$$V = x_1 V_1 + x_2 V_2 \tag{5.30}$$

であることに注意する. x_1, x_2 $(= 1 - x_1)$, V_1, V_2 が温度 T の関数であることを考え, V 固定の条件下で, 式 (5.30) の両辺を T で微分すれば,

$$0 = \frac{\partial x_1}{\partial T}(V_1 - V_2) + x_1 \frac{\partial V_1}{\partial T} + x_2 \frac{\partial V_2}{\partial T} \tag{5.31}$$

となり,

$$\frac{\partial x_1}{\partial T} = \frac{1}{V_2 - V_1}\left(x_1 \frac{\partial V_1}{\partial T} + x_2 \frac{\partial V_2}{\partial T}\right) \tag{5.32}$$

が導かれる. また, クラペイロン–クラウジウスの式 (5.12) にエンタルピー H と内部エネルギー U の関係式 $(H = U + PV)$ を用いれば

$$\left.\frac{\mathrm{d}P}{\mathrm{d}T}\right|_{\text{共存線}} = \frac{1}{T}\frac{u_1 - u_2}{V_1 - V_2} + \frac{P}{T} \tag{5.33}$$

となる. ここで, 体積, 内部エネルギーはモル当たりのもので表してあることに注意する. 式 (5.33) は次のように書き換えられる.

$$u_1 - u_2 = \left(T \left.\frac{\mathrm{d}P}{\mathrm{d}T}\right|_{\text{共存線}} - P\right)(V_1 - V_2). \tag{5.34}$$

式 (5.28) の T 微分は，V を固定したときのものであって，V_1, V_2 を固定したものではないので，

$$\frac{\partial u_i}{\partial T} = \left(\frac{\partial u_i}{\partial T}\right)_{V_i} + \left(\frac{\partial u_i}{\partial V_i}\right)_T \frac{\partial V_i}{\partial T} \quad (i = 1, 2) \tag{5.35}$$

となる．第 1 項は，各相の共存曲線上における定積モル比熱 $c_V^{(i)}$ を表している．第 2 項の内部エネルギーを体積で微分した因子については，熱力学の関係式を用いて，

$$\begin{aligned}\left(\frac{\partial u_i}{\partial V_i}\right)_T &= \left(\frac{\partial u_i}{\partial S_i}\right)_{V_i}\left(\frac{\partial S_i}{\partial V_i}\right)_T + \left(\frac{\partial u_i}{\partial V_i}\right)_{S_i} \\ &= T\left(\frac{\partial P}{\partial T}\right)_{V_i} - P_i \\ &= T\left[\left.\frac{\mathrm{d}P}{\mathrm{d}T}\right|_{\text{共存線}} - \left(\frac{\partial P_i}{\partial V_i}\right)_T \frac{\partial V_i}{\partial T}\right] - P\end{aligned} \tag{5.36}$$

のように表すことができる．2 段目への変形では，マクスウェルの関係式を用いた．3 段目の式は，共存曲線に沿っての圧力の体積微分が意味することを考えれば，理解できるであろう．共存曲線上では $P_1 = P_2 = P$ であることも用いている．

途中の計算は代入するだけなので省略するが，上の結果を統合すれば，$T < T_\mathrm{c}$ における定積比熱は

$$c_V = \sum_{i=1}^{2} x_i \left[c_V^{(i)} - T\left(\frac{\partial P_i}{\partial V_i}\right)_T \left(\frac{\partial V_i}{\partial T}\right)^2\right] \tag{5.37}$$

で与えられることがわかる．

例題5.3-2 ファンデルワールスの状態方程式の場合に，体積を臨界体積に固定して，温度 T を臨界温度 T_c に近づけ，臨界温度直上および直下の定積比熱を求めよ．

[解答] 低温側から T を T_c に近づけることを考えれば，$x_1, x_2 \to 1/2$，$c_V^{(1)}, c_V^{(2)} \to \lim_{T\to T_\mathrm{c}+0} c_V$ となるので，T_c の直下と直上における比熱の差は次のように計算される．

$$c_V(T_\mathrm{c}-0) - c_V(T_\mathrm{c}+0) = -\frac{T_\mathrm{c}}{2} \lim_{T\to T_\mathrm{c}-0} \sum_{i=1}^{2} \left[\left(\frac{\partial P_i}{\partial V_i}\right)_T \left(\frac{\partial V_i}{\partial T}\right)^2\right]. \tag{5.38}$$

$v_1 = 1 - \delta v_1$, $v_2 = 1 + \delta v_2$ であることに注意し，4.3 節の結果を用いれば，

$$\frac{\partial V_1}{\partial T} = \frac{V_\mathrm{c}}{T_\mathrm{c}}\frac{\partial v_1}{\partial t} = -\frac{V_\mathrm{c}}{T_\mathrm{c}}\frac{\partial \delta v_1}{\partial t} = \frac{V_\mathrm{c}}{T_\mathrm{c}}(1-t)^{-1/2}, \tag{5.39}$$

$$\frac{\partial V_2}{\partial T} = \frac{V_\mathrm{c}}{T_\mathrm{c}}\frac{\partial v_2}{\partial t} = \frac{V_\mathrm{c}}{T_\mathrm{c}}\frac{\partial \delta v_2}{\partial t} = -\frac{V_\mathrm{c}}{T_\mathrm{c}}(1-t)^{-1/2} \tag{5.40}$$

が導かれる．また，臨界点のごく近傍では $\delta v_1 = \delta v_2 = 2\sqrt{1-t}$ であることなどを用いて

$$\begin{aligned}\left(\frac{\partial P_1}{\partial V_1}\right)_T &= \frac{P_\mathrm{c}}{V_\mathrm{c}}\left(\frac{\partial p}{\partial v_1}\right)\\ &= \frac{P_\mathrm{c}}{V_\mathrm{c}}\left[6(1-t) + 18(1-t)\delta v_1 - \frac{9}{2}(\delta v_1)^2 + \cdots\right]\\ &= \frac{P_\mathrm{c}}{V_\mathrm{c}}\left[-12(1-t) + O((1-t)^{3/2})\right],\end{aligned} \tag{5.41}$$

$$\left(\frac{\partial P_2}{\partial V_2}\right)_T = \left(\frac{\partial P_1}{\partial V_1}\right)_T \tag{5.42}$$

となることに注意すれば [*14]，式 (5.38) の比熱の差は

$$c_V(T_\mathrm{c} - 0) - c_V(T_\mathrm{c} + 0) = 12\frac{P_\mathrm{c}V_\mathrm{c}}{T_\mathrm{c}} = \frac{9}{2}R \tag{5.43}$$

のように見積もることができる．ここで，1 mol のファンデルワールス気体に対し，$P_\mathrm{c}V_\mathrm{c}/T_\mathrm{c} = 3R/8$ が成り立つことを用いた．この結果は，T_c の直上，および直下における定積比熱が

$$\lim_{T\to T_\mathrm{c}+0} c_V = \frac{3R}{2}, \tag{5.44}$$

$$\lim_{T\to T_\mathrm{c}-0} c_V = 12R \tag{5.45}$$

のように振る舞うことを意味し [*15]，ファンデルワールス気体では，臨界点で比熱が発散ではなく，不連続 (跳び) を示すことがわかる．■

式 (5.26), (5.27) に示されている指数 α, α' を用いれば，上の例題の結果は，$\alpha = \alpha' = 0$ に対応し，ここでもファンデルワールスの状態方程式は現実を正し

[*14] 式 (5.41) の $O((1-t)^{3/2})$ は，この部分が高々 $(1-t)^{3/2}$ の程度であることを意味する．

[*15] 4.5 節で示したように，ファンデルワールスの状態方程式に従う系の定積熱容量は体積に依存せず，気相における比熱は理想気体のものと同じと考えてよい．ここでは，単原子気体が想定され，気相の比熱は $3R/2$ であるとしている．

く記述できていない．しかし，このことはファンデルワールスの状態方程式の価値を下げるものではない．むしろ，ファンデルワールスの状態方程式を用いた考察は，相転移に関連したいろいろな指数が，系のミクロな情報をマクロなレベルで見せてくれるものであることを明らかにしていると考えた方がよい．統計力学で臨界指数の研究が盛んに行われるのは，それが物質系のミクロな性質を反映しているからなのである．

6 磁性体の熱力学

構成要素間の相互作用を含めた気体系の取り扱いは，第 4 章でも述べたように，一般に面倒な計算を必要とすることが多い．それに比べて，現代社会の中でいろいろな分野で広く応用されている磁性体については，量子論的モデルが知られていて，統計力学的にも扱いやすい場合が多い *1)．本章では，強磁性体を主とした磁性体の熱力学および初歩的統計力学について説明しよう．

6.1 磁性体のモデル

磁性体は，方位磁石やマグネット，磁気記録デバイスなど我々の生活に幅広く応用されている物質群であり，相転移の面からも広く研究の対象となっている．磁性体の相転移で本質的な役割を果たしているのは，構成要素 (原子や分子) に付随した磁気双極子モーメント *2) 間の相互作用である．磁気モーメントは構成要素の持っているスピンに比例するので，この相互作用はスピン間の相互作用と考えてよい．磁気モーメント間の相互作用ですぐに思いつくのは，電磁気で学ぶ双極子–双極子相互作用であるが，この相互作用は，現実の磁性体の振る舞いを説明するには弱すぎることが知られている．電子間のクーロン相互作用を量子力学的に取り入れることによって，電子スピンの間に有効的な相互作用が働いていると考えられることを最初に示したのはハイゼンベルグ (Werner Karl Heisenberg, 1901–1976) である．2 つの電子のスピンを $\boldsymbol{S}_1$, $\boldsymbol{S}_2$ で表すこと

---

*1) これは，構成要素である個々のスピンが有限個の量子状態しか取らないことが主な理由である．そうであっても，スピン間の相互作用を取り入れた計算は容易でないのが普通である．

*2) 単に磁気モーメントと呼ばれることが多い，量子力学的にはスピンに起因する．

にすると，ハイゼンベルグの考えたスピン間相互作用は

$$H = -2J\boldsymbol{S}_1 \cdot \boldsymbol{S}_2 \tag{6.1}$$

のように表される．負号や係数 2 については習慣的なものなので，いまは気にしなくてよい．スピンについての入門的説明や，スピン間の有効相互作用の簡単な導出については付録 D に与える．

式 (6.1) で表されるスピン間相互作用は，ハイゼンベルグ交換相互作用 (あるいは単に**交換相互作用**) と呼ばれ *3)，これを磁性体結晶における原子間 (あるいは分子間) 相互作用に拡張したものは磁性体の**ハイゼンベルグモデル**と呼ばれる．具体的には，モデルハミルトニアンが次のように書き表される．

$$H = -2J\sum_{\langle i,j\rangle} \boldsymbol{S}_i \cdot \boldsymbol{S}_j. \tag{6.2}$$

ここで，$\boldsymbol{S}_i$ は格子点 i にあるスピンを表し，$\langle i,j\rangle$ は和が最近接格子点の対に関するものであることを意味している．

スピン系のモデルはハイゼンベルグモデル以外にも，対象となる物質に応じて，いろいろと提唱されている[10) が，スピン間相互作用がスピン演算子の積で表される点，J に対応する係数が系の性質を決めるのに本質的な役割を果たす点などは共通である．ハイゼンベルグモデルでいえば，$J > 0$ の場合は，すべてのスピンが同じ方向を向く状態が最もエネルギーが低くなる．この場合，個々の磁気モーメントを加え合わせた全磁気モーメントはマクロな大きさになり，系全体が磁石として，周囲に磁場を発生させることになる．このような磁性体は**強磁性体**と呼ばれる．スピン間相互作用がなくても，磁気モーメントが存在すれば，外部磁場によってその向きをそろえることができる．これは，磁気モーメントと磁場の間には両者の内積に比例する相互作用が働くためで，この相互作用は**ゼーマン相互作用**と呼ばれる．具体的にスピンを用いてハミルトニアンで表せば，次のようになる．

$$H_{\mathrm{Z}} = -\mu\sum_{i} \boldsymbol{S}_i \cdot \boldsymbol{B}. \tag{6.3}$$

ここで，磁場は磁束密度 $\boldsymbol{B}$ で表してあり，磁気モーメントはスピンに比例す

---

*3) 交換相互作用と呼ばれる理由についても付録 D で簡単に説明する．

ることを用いている (すなわち，スピン $\boldsymbol{S}_i$ に関係した磁気モーメントは $\mu\boldsymbol{S}_i$ で与えられる)[*4)]．スピン間の相互作用を無視することができ，磁場が加わっているときだけマクロな磁気モーメントが発生する系は，**常磁性体**と呼ばれる．マクロな磁気モーメントは**磁化**と呼ばれ，強磁性体のように外部磁場がなくても発生する磁化は**自発磁化**と呼ばれる．

物質によっては，$J<0$ となる場合もあり，この場合の基底状態は，隣接スピンが互いに反対方向を向いた状態となる．この状態では，外部に磁化が現れることはないが，内部には構造が形成されていることになる．隣り合うスピンが交互に向きを変えている状態は反強磁性状態と呼ばれ，自発的に反強磁性を示す系は**反強磁性体**と呼ばれる．

6.2 強磁性体の相転移——熱力学的取り扱い

ここでは，強磁性体の相転移の熱力学的な取り扱いについて概略を説明しよう．ハイゼンベルグモデルで記述されるような強磁性体の場合，低温ではできるだけエネルギー (内部エネルギー) を下げようとして，自発磁化を持つ強磁性状態が熱力学的に安定であるが，高温では，エントロピーの効果が大きいので，エントロピーの大きい乱れた状態 (すなわち，スピンがそろっていない状態) の方が，ヘルムホルツ自由エネルギーの低い状態となり，熱力学的に安定になる．高温の状態は，スピン間相互作用の効果が熱的なゆらぎによって無視できる状況になっており，外部磁場を加えない限り，有限な巨視的磁化が現れないので，常磁性状態と呼んでよいものである．したがって，強磁性体と呼ばれる物質群は，一般に，高温領域から温度を下げていくと，ある温度 (転移温度 [*5)]) を境に自発磁化が現れはじめ，常磁性から強磁性への相転移を示すことになる．一般に外部磁場がない場合には，自発磁化は転移温度で連続的に 0 から有限の値になる 2 次相転移の振る舞いをすることが知られている．

---

*4) 磁気双極子モーメントと磁場の相互作用エネルギーが，両者の内積に負号をつけたもので与えられることは，電場と電気双極子モーメントの相互作用エネルギー (あるいは，電場中の電気双極子モーメントに関係する静電ポテンシャルエネルギー) の計算と同様に示すことができる．詳しくは，電磁気学の教科書を見てほしい．

*5) 臨界温度と呼ばれることもある．

これらの考察から，強磁性体の熱力学的記述では，ヘルムホルツの自由エネルギーを磁化 $\boldsymbol{M}$ と温度 T の関数として考え，自由エネルギーを最小にする磁化が平衡状態の磁化であるとすればよいと理解される．磁化 $\boldsymbol{M}$ は，磁気モーメントの和を熱的に (統計力学的に) 平均したもので与えられると考えればよい．

$$\boldsymbol{M} = \langle \sum_i \mu \boldsymbol{S}_i \rangle. \tag{6.4}$$

ここで，$\langle \cdots \rangle$ は，熱平衡における統計力学的な平均を表す．転移温度付近では，上述の磁化は小さいと考えられるので，自由エネルギーを磁化に関して展開したものを使うことができる．また，系に特別の異方性がなければ，自由エネルギー F は磁化 $\boldsymbol{M}$ の大きさだけで与えられることになる．さらに，$\boldsymbol{M}$ の成分の関数としても解析的 (どの成分に関しても微分可能) であることを要請すれば，温度と磁化の関数としてのヘルムホルツの自由エネルギーは次のように書くことができる [*6)]．

$$F(\boldsymbol{M}, T) = F_0(T) + a_2(T)\boldsymbol{M}^2 + a_4(T)\boldsymbol{M}^4 + \cdots . \tag{6.5}$$

ここで，右辺第 1 項は磁化によらない部分で，温度だけの関数である．係数 $a_2(T)$, $a_4(T)$ は温度の関数である．実際の $\boldsymbol{M}$ は各温度で F を最小にするものとして定められる．F の最小値を与える $\boldsymbol{M}$ が，転移温度 $T_{\rm c}$ の上側では $\boldsymbol{M} = 0$ であり，下側では $\boldsymbol{M} \neq 0$ となるためには，$a_2(T)$ が $T_{\rm c}$ で正から負に連続的に符号を変え，$a_4(T)$ は正のままになっていればよい．

$T_{\rm c}$ 近傍での重要な項だけを残すことにすれば，$a_2(T)$, $a_4(T)$ は

$$a_2(T) = b_2(T - T_{\rm c}), \tag{6.6}$$

$$a_4(T) = b_4 \tag{6.7}$$

のように書いてよいであろう [*7)]．ここで，b_2, b_4 は正の定数である．簡単のため，低温で発生する自発磁化が z 方向を向いていると仮定すれば，$\boldsymbol{M}^2 = M_z^2$ とおくことができ，低温側で，F を最小にする M_z は

---

*6) $|\boldsymbol{M}|$ も $\boldsymbol{M}$ の大きさだけで決まる量 (大きさそのもの) であるが，奇数次の絶対値関数は微分可能の要請から除外される．

*7) 厳密には，$a_2(T)$ が T の線形関数である保証はないが，ここでは，最も単純な符号を変える関数として 1 次関数を仮定する．

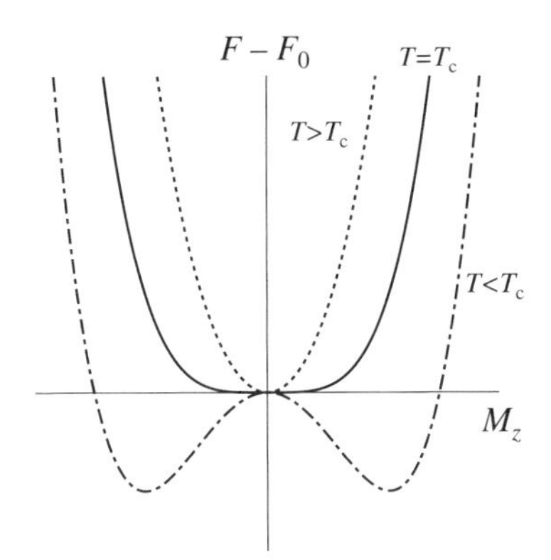

図 **6.1** 強磁性体の自由エネルギー

$$M_z = \pm\sqrt{\frac{b_2(T_c - T)}{2b_4}} \tag{6.8}$$

で与えられることがわかる．F の M_z 依存性を異なる温度で模式的に表すと，図 6.1 のようになる．

実現する M_z が $T > T_c$ では 0，$T < T_c$ では式 (6.8) になることに注意し，F がヘルムホルツの自由エネルギーで，その温度微分に負号をつけたものがエントロピーを与えることを用いると，系の熱容量を計算することができる．熱容量 C はエントロピーの温度微分に温度 T をかければよいので，ヘルムホルツ自由エネルギーの温度に関する 2 階微分に $-T$ をかけることによって得られる．T_c より高温側での熱容量は

$$C = -T\frac{\partial^2 F_0(T)}{\partial T^2} \quad (T > T_c) \tag{6.9}$$

となり，T_c のすぐ下の領域における熱容量は M_z^4 (すなわち，$(T_c - T)^2$) までの項を考慮して，

$$C = -T\frac{\partial^2 F_0(T)}{\partial T^2} + \frac{b_2^2}{2b_4} \quad (T < T_c) \tag{6.10}$$

のように計算される．$F_0(T)$ からの寄与は温度の関数としてなめらかで異常がないとすれば，上の結果は，熱容量が $T = T_c$ で不連続になる (跳びを示す) ことを表している．跳びの大きさは，式 (6.10) の右辺第 2 項で与えられる．

次に，この系に外部磁場 $\boldsymbol{B}$ が加わった場合のことを考えてみよう．磁場と磁気双極子モーメントの相互作用から，この場合には，エネルギーとして，$-\boldsymbol{B}\cdot\boldsymbol{M}$

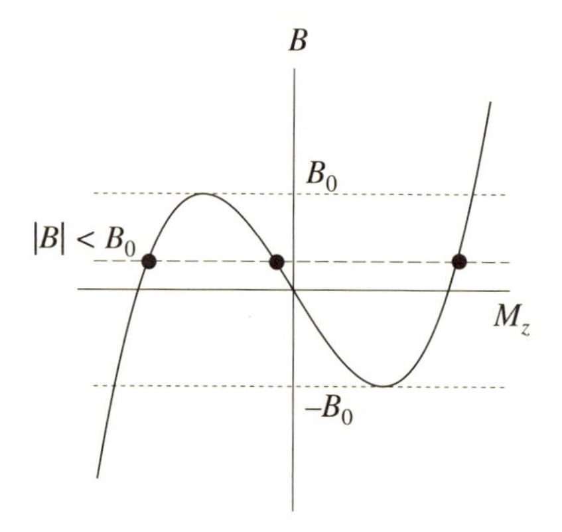

図 6.2　B と M_z の関係 (式 (6.12))

という項がつけ加わることがわかる．したがって，自由エネルギーは

$$F(M_z, T; B) = F_0(T) + b_2(T - T_\mathrm{c})M_z^2 + b_4 M_z^4 + \cdots - BM_z \tag{6.11}$$

のように書き表せる．ここで，磁場の方向を z 方向とし，磁化も z 成分だけが残るものとした．また，展開係数 b_2, b_4 や転移温度 T_c ならびに $F_0(T)$ の磁場依存性は無視できるものとした [*8)]．簡単のため，以下の計算では，F の M_z に関する展開の 4 次以上の項は無視して考える．磁場中の自由エネルギーを最小にする M_z の値は，

$$B = 2b_2(T - T_\mathrm{c})M_z + 4b_4 M_z^3 \tag{6.12}$$

の解として与えられる．$T < T_\mathrm{c}$ の場合，式 (6.12) の B と M_z の関係は図 6.2 のように図示できる．$\pm B_0$ は式 (6.12) の右辺の極大，極小であり，

$$B_0 = 8b_4 \sqrt{\frac{b_2(T_\mathrm{c} - T)}{6b_4}}^{\,3} \tag{6.13}$$

で与えられる．

$|B| > B_0$ の場合，式 (6.12) の M_z に関する解は 1 つであり，F を最小にするものであるが，$|B| < B_0$ の場合は 3 つになり，どの解を選ぶかは自由エネルギーの大小を比べて決めなければならない．式 (6.11) から得られる $F - F_0$ は，B に応じて，図 6.3 のように振る舞う．これらの結果から，$T < T_\mathrm{c}$ で，T を固

*8)　厳密なことをいえば，この仮定は正しくないが，磁場が弱ければ，ある程度正当化される．

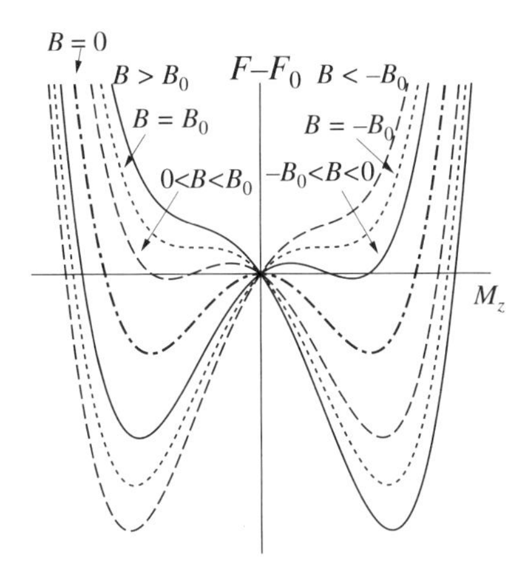

図 **6.3** 磁場中の強磁性体の自由エネルギー

定し，磁場を $B > B_0$ の大きな値から徐々に下げていくと，最初は，$M_z > 0$ がユニークな安定解となるが，$B = B_0$ で，$M_z < 0$ の準安定状態ができはじめ，$B = 0$ を横切って $B < 0$ の領域に入ると，不連続に $M_z < 0$ の状態が安定となることがわかる．このとき，$M_z > 0$ の状態は準安定状態になるが，この準安定状態も $B < -B_0$ では，消える．この相転移は準安定状態が存在するので，第 1 種の相転移であり，$B = 0$ で M_z が不連続に変化するので，1 次相転移であるということができる．T–B 平面上で相境界を描けば，$B = 0$ の $0 < T < T_{\rm c}$ の部分が相当する．$B = 0, T = T_{\rm c}$ は臨界点としての意味をもつ．$B = \pm B_0(T)$ は準安定状態が存在しうる境の磁場を表している．

上で，有限の磁場が存在している場合の強磁性体の相転移を考察したが，今度は，式 (6.5) で記述される系に微小な磁場が加わった場合の系の応答について考えてみよう．$B = 0$ の場合の安定解を $M_z^{(0)}$ とし，式 (6.12) で $M_z = M_z^{(0)} + \delta M_z$ とおく．δM_z は微小な B が加わったことによる M_z の変化分を表す．δM_z も B と同程度に微小であると考え，δM_z および B に関して 1 次の項までを残すことにする．0 次および 1 次の項を別々に比較すれば，次の関係式が得られる．

$$b_2(T - T_{\rm c})M_z^{(0)} + 2b_4(M_z^{(0)})^3 = 0, \tag{6.14}$$

$$\left[2b_2(T - T_{\rm c}) + 12b_4(M_z^{(0)})^2\right]\delta M_z = B. \tag{6.15}$$

式 (6.15) からは

$$\delta M_z = \frac{B}{2b_2(T-T_c)+12b_4(M_z^{(0)})^2} \tag{6.16}$$

が得られる．式 (6.14) からは $M_z^{(0)}$ が得られるが，$T>T_c$ では $M_z^{(0)}=0$，$T<T_c$ では式 (6.8) の右辺で与えられる．式 (6.16) に見られる δM_z と B の比例関係は一般的に

$$\delta M_z = \chi B \tag{6.17}$$

のように表され，χ を**帯磁率** (あるいは**磁化率**) と呼ぶ．上の計算結果をまとめると

$$\chi = \begin{cases} \dfrac{C}{T-T_c} & (T>T_c) \\ \dfrac{C}{2(T_c-T)} & (T<T_c) \end{cases} \tag{6.18}$$

のように表すことができる．ここで，$C=1/2b_2$ である．式 (6.18) の $T>T_c$ における帯磁率の温度依存性は**キュリー–ワイスの法則**と呼ばれ [*9]，C をキュリー定数，T_c をワイス温度または，**常磁性キュリー温度** [*10] と呼ぶ．実験で，磁場を加えた場合の磁化の変化を測定し，帯磁率の逆数を温度の関数としてプロットすることによって，キュリー温度を決めることができる．上の結果から，帯磁率は温度が T_c に近づくとき，高温側から近づけても，低温側から近づけても逆数の発散を示すが，低温側の係数は高温側の係数の半分になることがわかる．

上の議論は，有限の磁場をわずかに変化させた場合の磁化の変化率を表す微分帯磁率の計算にも拡張可能である (例題 6.2-1 参照).

特に $T=T_c$ の場合は，式 (6.12) から

$$M_z = \left(\frac{B}{4b_4}\right)^{1/3} \tag{6.19}$$

となり，この結果から，微分帯磁率が

[*9] この法則は，フランスの物理学者キュリー (Pierre Curie, 1859–1906) が，常磁性体の帯磁率に対して実験的に発見したキュリーの法則を強磁性体の帯磁率の高温側での振る舞いに拡張した形になっており，やはりフランスの物理学者であったワイス (Pierre Weiss, 1865–1940) が理論的に導いた.

[*10] 単にキュリー温度と呼ぶこともあるが，厳密にいえば，キュリー温度は現実の系における常磁性と強磁性の境の温度を指し，帯磁率の近似的な式に現れる T_c とは区別すべきものである.

$$\chi_{\mathrm{dif}} = \frac{\partial M_z}{\partial B} = \frac{1}{3(4b_4)^{1/3}} B^{-2/3} \tag{6.20}$$

となる．この微分帯磁率は $B \to 0$ の極限で発散を示すことがわかる．

例題6.2-1 上にならって，一般の温度，一般の磁場の場合に，微分帯磁率を計算せよ．

[解答] 一般の温度，磁場の場合の磁化 M_z は式 (6.12) の解として求められる．この解を M_{zB} で表すことにする．磁場を微小分 δB だけ増加させたときの M_{zB} の変化分を δM_z と表すことにすれば，式 (6.12) で $M_z \to M_{zB} + \delta M_z$, $B \to B + \delta B$ とした式が成り立つ．$\delta M_z \propto \delta B$ であると仮定して [*11]，δB の 1 次のオーダーで成り立っている式を書き下せば，

$$12b_4 M_{zB}^2 \delta M_z + 2b_2(T - T_{\mathrm{c}})\delta M_z = \delta B \tag{6.21}$$

となる．したがって，微分帯磁率 χ_{dif} は

$$\chi_{\mathrm{dif}} = \lim_{\delta B \to 0} \frac{\delta M_z}{\delta B} = \frac{1}{12b_4 M_{zB}^2 + 2b_2(T - T_{\mathrm{c}})} \tag{6.22}$$

となる．M_{zB} の具体的な値を代入すれば，微分帯磁率が温度，磁場の関数として求められたことになる．式 (6.12) の解は，一般には簡単な形にならないので，特別な極限をいくつか考えてみよう．

まず，磁場が大きい極限を考えると，図 6.2 からもわかるように，式 (6.12) の右辺で主要な項は，第 2 項になり，M_{zB} は $M_{zB} = (B/4b_4)^{1/3}$ で近似される．式 (6.12) の右辺で，第 1 項が第 2 項に比べて無視できるということは，式 (6.22) 右辺の分母で，第 1 項に比べ，第 2 項が無視できるということなので，微分帯磁率は，$T = T_{\mathrm{c}}$ の場合 (式 (6.20)) を再現することとなる．ここで，磁場が大きいということの意味を，明確にするために，M_{zB} の近似式を代入して，式 (6.12) の第 1 項が，第 2 項に比べて十分大きい条件を式で表せば，

$$B \gg \sqrt{2} b_4 \left(\frac{b_2}{b_4} |T - T_{\mathrm{c}}| \right)^{3/2} \tag{6.23}$$

となる．自由エネルギーを M_z の 4 次までで近似した場合，強磁場極限での磁

---

*11) 仮定は結果から正当化される．

化の飽和の効果は含まれないので，実際に，B が無限大の極限を扱うのは無理がある．しかし，不等式 (6.23) からわかるように，温度が T_c に近ければ，あまり大きくない磁場でも条件を満たすことは可能なので，適用範囲は存在することになる．

次に，弱い磁場の極限を考察しよう．この場合は $T > T_\mathrm{c}$ と $T < T_\mathrm{c}$ を分けて考えなければならない．高温側では M_{zB} は磁場 B に比例すると考えられるので，式 (6.12) の右辺で主要なのは第 1 項であり

$$M_{zB} \simeq \frac{B}{2b_2(T - T_\mathrm{c})} \tag{6.24}$$

で近似される．この近似が成り立つ条件は，この近似式を代入した場合に，式 (6.12) の右辺第 2 項が第 1 項に比べて無視できるというものであり，具体的には

$$B \ll \sqrt{2}b_4 \left(\frac{b_2}{b_4}(T - T_\mathrm{c})\right)^{3/2} \tag{6.25}$$

のように書くことができる．この条件が満たされていれば，式 (6.22) 右辺の分母で，第 1 項を無視することができ，ゼロ磁場極限の帯磁率 (式 (6.18) 上段) を再現する．低温側では磁場が 0 でも M_{zB} は有限になるので，式 (6.12) の解は

$$M_{zB} \simeq \sqrt{\frac{b_2}{2b_4}(T_\mathrm{c} - T)} \tag{6.26}$$

で近似される．これを式 (6.22) に代入すれば，やはりゼロ磁場極限の帯磁率が再現することを確かめられる．この場合，磁場が小さいということの意味は，有限の磁場による M_{zB} の式 (6.26) からのずれが，もとの値に比べて小さいということなので，不等式で表せば

$$B \ll \sqrt{2}b_4 \left[\frac{b_2}{b_4}(T_\mathrm{c} - T)\right]^{3/2} \tag{6.27}$$

となる (途中の計算は省略してある)．

このような考察から，T_c 近傍で，磁場が強いとか弱いとかいう意味が明確になる． ■

強磁性体における $\boldsymbol{M}$ のように，系の秩序の度合いを表す物理量を秩序変数と呼ぶが，自由エネルギーを秩序変数について展開して相転移を議論する考え方は，最初ランダウ (Lev Davidovich Landau, 1908–1968) によって提唱されたの

で，ランダウ理論と呼ばれることが多い．同じ考え方を超伝導相転移に応用したものは，ギンツブルグ (Vitaly Lazarevich Ginzburg, 1916–2009) –ランダウ理論と呼ばれている．係数 $a_2(T)$, $a_4(T)$ などの具体的計算を統計力学から求め，ミクロなパラメータと関係づけることは，物質系の理解を深める上で重要である．

▶気体系と磁性体の類推

磁化は構成要素のミクロな磁気モーメントを足し合わせたもので与えられるので，示量性物理量である．したがって，気体系との類推で考えれば，体積に対応する．磁化はベクトル量なので，各成分がそれぞれ体積に対応すると考えてよい．体積は負になることはないが，磁化の成分は正にも負にもなる．体積に共役な量が，圧力であったように，磁化に共役な量は磁場である．式 (6.11) の B に比例する最後の項を除いた部分を $\tilde{F}(M_z, T)$ で表すことにすれば，F を最小にする M_z を決める式は

$$\left(\frac{\partial \tilde{F}(M_z, T)}{\partial M_z}\right)_T = B \tag{6.28}$$

となる．$\tilde{F}$ をヘルムホルツの自由エネルギー，M_z を体積に対応させれば，B は $-P$ (圧力に負号をつけたもの) に対応すると考えるのが自然である．F は $\tilde{F}$ をルジャンドル変換したものと考えれば，磁場と温度を独立変数とするギブスの自由エネルギー $G(B, T)$ を表しているものと考えることもできる．この場合，気体系との類推で

$$\begin{aligned} -M_z &= \left(\frac{\partial G}{\partial B}\right)_T \\ &= \left(\frac{\partial \tilde{F}}{\partial M_z}\right)_T \left(\frac{\partial M_z}{\partial B}\right)_T - M_z - B\left(\frac{\partial M_z}{\partial B}\right)_T \end{aligned} \tag{6.29}$$

となる．この式を整理し，M_z の B 微分が 0 でないと仮定すれば，結局 M_z を決める式 (6.28) が得られるので，矛盾はない．

キュリー–ワイスの法則に見られる帯磁率 (磁化率) の発散は，気体の圧縮率の発散と対応している．また，$T = T_\mathrm{c}$ における微分帯磁率の $B \to 0$ での発散は，気体系で $T = T_\mathrm{c}$ に固定し，$P \to P_\mathrm{c}$ としたときの等温圧縮率の発散に対応している [*12)]．

---

*12)　式 (5.16) や (5.18) から，$p \to 1$ のときの $\partial v/\partial p$ の発散を導くのは容易である．指数 δ は 1

6.3 強磁性体の統計力学的取り扱い

6.1 節で述べたように，磁性体のモデルはスピンハミルトニアンで与えられる．この節では，初歩的な統計力学で扱える範囲で，スピン系，特に強磁性体の統計力学的取り扱いについて解説しておこう．

最も簡単な場合は，磁場中の独立スピン系 (相互作用をしていない系)*13) である．この場合，ハミルトニアンは式 (6.3) に示されているゼーマンハミルトニアンの形に表される．磁場が z 方向を向いているとすれば，

$$H = -\mu B \sum_{i=1}^{N} S_{iz} \tag{6.30}$$

となる．スピンの総数を N としてある．計算が単純なのは，スピンの大きさが 1/2 のときで，各 S_{iz} の固有値は 1/2 または $-1/2$ の 2 とおりしかない．$\{S_{iz}\}$ の N 個の固有値の組を決めれば，全系のエネルギー固有値が定まる．以下では，簡単のため S_{iz} はスピン演算子ではなく，固有値を表すものとしよう．カノニカル分布の考え方で，$\{S_{iz}\}$ の組で表される状態の実現確率 $f(\{S_{iz}\};T)$ を求めると，

$$f(\{S_{iz}\};T) = \frac{1}{Z}\exp\left(\frac{\mu B}{k_{\mathrm{B}}T}\sum_{i=1}^{N} S_{iz}\right) \tag{6.31}$$

となる．ただし，Z は分配関数

$$\begin{aligned}
Z &= \sum_{\{S_{iz}=\pm 1/2\}} \exp\left(\frac{\mu B}{k_{\mathrm{B}}T}\sum_{i=1}^{N} S_{iz}\right) \\
&= \left[\sum_{S_{1z}=\pm 1/2} \exp\left(\frac{\mu B}{k_{\mathrm{B}}T} S_{1z}\right)\right]\left[\sum_{S_{2z}=\pm 1/2} \exp\left(\frac{\mu B}{k_{\mathrm{B}}T} S_{2z}\right)\right]\cdots \\
&= \left[\exp\left(-\frac{\mu B}{2k_{\mathrm{B}}T}\right) + \exp\left(\frac{\mu B}{2k_{\mathrm{B}}T}\right)\right]^N \\
&= \left[2\cosh\left(\frac{\mu B}{2k_{\mathrm{B}}T}\right)\right]^N
\end{aligned} \tag{6.32}$$

より大きいことに注意せよ．

*13) しばしば，自由スピン系という表現を見かけるが，磁場の影響下にある場合，自由スピンという表現はあまり適切でない．ここでは，より適切な独立スピン系 (independent spin system) という表現を用いる．

である [*14].

3.5節で説明したように，カノニカル分布の統計力学では，分配関数 Z からヘルムホルツの自由エネルギー F が式 (3.57) によって計算される [*15]．式 (6.32) の Z を用いれば，

$$F = -k_{\mathrm{B}}TN \ln\left[2\cosh\left(\frac{\mu B}{2k_{\mathrm{B}}T}\right)\right] \tag{6.33}$$

となる．式 (6.32) の1段目の式に注意すれば，磁化 M_z は

$$M_z = \frac{k_{\mathrm{B}}T}{Z}\frac{\partial Z}{\partial B} \tag{6.34}$$

で与えられることがわかる．F が一般的に式 (3.57) のように表されることに注意すれば，式 (6.34) は

$$M_z = -\frac{\partial F}{\partial B} \tag{6.35}$$

の形に表すことができる．M_z の具体形は

$$M_z = \frac{N\mu}{2}\tanh\left(\frac{\mu B}{2k_{\mathrm{B}}T}\right) \tag{6.36}$$

となる．特に，B が小さい極限 ($B \ll 2k_{\mathrm{B}}T/\mu$) では，tanh の展開式を使うことができるので [*16]，

$$M_z = \frac{N\mu^2}{4k_{\mathrm{B}}T}B \tag{6.37}$$

のようになる．これは，帯磁率がキュリーの法則に従うことを意味している．このように，統計力学を用いれば，実験的に発見されたキュリーの法則にも理論的裏づけが与えられる．磁化 M_z の温度・磁場依存性は図6.4のように表される．磁場の強い極限で，磁化は飽和することがわかる．磁場と温度はこの形でのみ現れるので，強磁場の極限と低温極限は同じ意味合いをもつことも理解できるであろう．

---

*14) ここで，$\cosh z$ はハイパボリック・コサインという関数で，$\cosh z = (\mathrm{e}^z + \mathrm{e}^{-z})/2$ によって定義される．三角関数コサインの引数を純虚数にしたものに対応している．ハイパボリック関数には，ほかに，$\sinh z = (\mathrm{e}^z - \mathrm{e}^{-z})/2$, $\tanh z = \sinh z/\cosh z$, $\mathrm{sech} z = 1/\cosh z$, $\mathrm{cosech} z = 1/\sinh z$, $\coth z = 1/\tanh z$ がある．

*15) 前節の最後で説明したように，形式的には，気体系との対応で，M_z が体積 V に，B が圧力 $-P$ に当たり，式 (6.35) の F は気体系のギブスの自由エネルギーに対応するが，カノニカル分布の一般論で，ヘルムホルツの自由エネルギーは Z から式 (3.57) によって与えられることが示される．

*16) 引数 z が小さい場合におけるハイパボリック関数の展開式は，指数関数の展開式から容易に得られるので，各自確認しておくとよい．

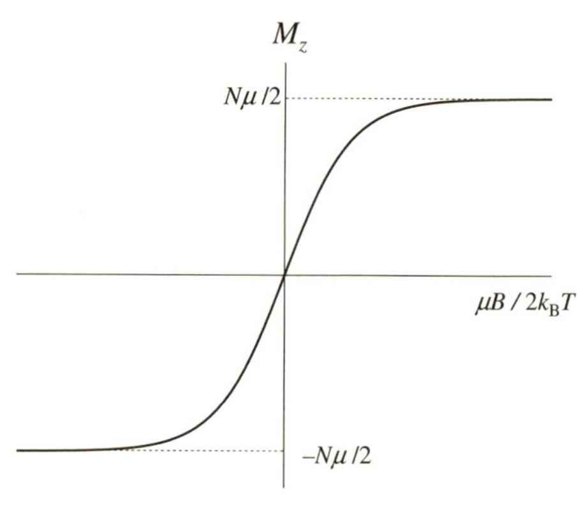

図 6.4 磁場中の独立スピン系における磁化の磁場・温度依存性
式 (6.36) を用いて描いたもの.

自由エネルギーが求められているので，エントロピーや熱容量の計算も可能である．エントロピー S は F の温度微分に負号をつけて得られる．

$$S=-\frac{\partial F}{\partial T}=k_{\mathrm{B}}N\left\{\ln\left[2\cosh\left(\frac{\mu B}{2k_{\mathrm{B}}T}\right)\right]-\frac{\mu B}{2k_{\mathrm{B}}T}\tanh\left(\frac{\mu B}{2k_{\mathrm{B}}T}\right)\right\}. \tag{6.38}$$

特に高温の極限 ($k_{\mathrm{B}}T\gg\mu B$) では，第 2 項を無視することができ，第 1 項に含まれる cosh も 1 に近づくので，

$$\lim_{T\to\infty}S=k_{\mathrm{B}}N\ln 2=k_{\mathrm{B}}\ln 2^N \tag{6.39}$$

となる．この結果は，N 個のスピンが上向き (1/2) および下向き (−1/2) の 2 状態を同じ確率で取ることに対応している．また，絶対零度の極限では，

$$\lim_{T\to 0}S\simeq k_{\mathrm{B}}N\frac{\mu B}{k_{\mathrm{B}}T}\exp\left(-\frac{\mu B}{k_{\mathrm{B}}T}\right)\to 0 \tag{6.40}$$

となる [*17]．この結果は，熱力学第 3 法則と整合するものである．

熱容量 C は S の温度微分から，次のように計算される．

$$C=T\frac{\partial S}{\partial T}=k_{\mathrm{B}}N\left(\frac{\mu B}{2k_{\mathrm{B}}T}\right)^2\operatorname{sech}^2\left(\frac{\mu B}{2k_{\mathrm{B}}T}\right). \tag{6.41}$$

この熱容量は，絶対零度の極限および高温の極限で，それぞれ，$T^{-2}\exp(-\mu B/k_{\mathrm{B}}T)$

---

*17) 展開する際には，$\exp(-\mu B/k_{\mathrm{B}}T)\ll 1$ であることを用いる．また，最後の極限が 0 になることはロピタルの定理で示すことができる．

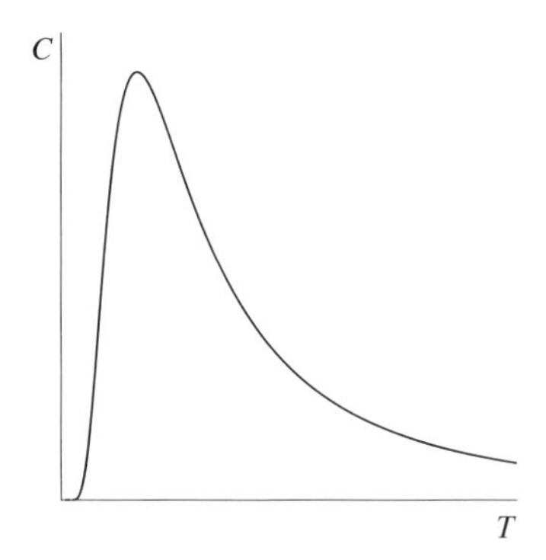

図 6.5　磁場中の独立スピン系の熱容量 (ショットキー型の温度依存性)

および T^{-2} のように 0 に近づき，$k_{\mathrm{B}}T$ が μB 程度になる温度でピークを持つ．ピークの幅は温度にして $\mu B/k_{\mathrm{B}}$ 程度である．これは各スピンが上向きと下向きに対応したエネルギー準位を持ち，その準位間のエネルギー差が μB であることを反映した振る舞いで，ショットキー型の温度依存性として知られている．式 (6.41) の温度依存性の概略は，図 6.5 に示されている．

上の議論は，スピンの大きさが 1/2 の場合に限定しているが，スピンの大きさが別の値であっても，同様に考えることができる (例題 6.3-1 参照)．スピンの大きさを変えたらどうなるかというような応用問題を考え，解いてみると，上記の説明に関する自分の理解度を確かめることができる．

例題6.3-1　N 個の独立なスピンが磁場 B の中におかれているときの熱容量を，スピンの大きさ 1 の場合に計算せよ (カノニカル分布を用いてよい)．

[解答]　スピンの大きさが 1 の場合の分配関数は，式 (6.32) にならって

$$
\begin{aligned}
Z &= \sum_{\{S_{iz}=-1,0,1\}} \exp\left(\frac{\mu B}{k_{\mathrm{B}}T}\sum_{i=1}^{N} S_{iz}\right) \\
&= \left[\exp\left(-\frac{\mu B}{k_{\mathrm{B}}T}\right) + 1 + \exp\left(\frac{\mu B}{k_{\mathrm{B}}T}\right)\right]^{N}
\end{aligned}
\tag{6.42}
$$

のように計算される．煩雑さを避けるために，以下では $\mu B/k_{\mathrm{B}}T$ を x で表すことにすれば，自由エネルギー F は

$$
F = -k_{\mathrm{B}}TN\ln(\mathrm{e}^{-x} + 1 + \mathrm{e}^{x}) \tag{6.43}
$$

となる．x にも T が含まれることに注意して，F の T 微分からエントロピー S を求めれば，

$$S = k_{\mathrm{B}} N \left\{ \ln(\mathrm{e}^{-x} + 1 + \mathrm{e}^{x}) - x \frac{\mathrm{e}^{x} + \mathrm{e}^{-x}}{\mathrm{e}^{-x} + 1 + \mathrm{e}^{x}} \right\} \tag{6.44}$$

となる．途中の計算の詳細は省略するが，この結果から，熱容量は次のように計算される．

$$C = T \frac{\partial S}{\partial T} = k_{\mathrm{B}} N x^2 \frac{4 + \mathrm{e}^{-x} + \mathrm{e}^{x}}{(\mathrm{e}^{-x} + 1 + \mathrm{e}^{x})^2}. \tag{6.45}$$

低温の極限 ($T \to \infty$) では $x \to \infty$ であることに注意すると $C \propto x^2 \mathrm{e}^{-x} \to 0$ となり，高温の極限 ($T \to \infty$) では $x \to 0$ なので，やはり，$C \propto x^2 \to 0$ となることがわかる．熱容量の温度依存性のグラフは本質的には図 6.5 と同様の形になり，ショットキー型の温度依存性になる． ■

次に，スピン間に相互作用が存在している場合を考えることにしよう．モデルとして，強磁性体 ($J > 0$) に対するハイゼンベルグモデル (6.2) を取り上げよう．このモデルは，レナード=ジョーンズポテンシャルなどを介して相互作用する古典的な気体分子モデルに比べれば，はるかに簡単化されているが，局所的なスピン間相互作用が系全体の秩序を作り出す仕組みを正確に理解することは容易ではない．カノニカル分布の範囲内であっても，分配関数の厳密な計算を一般的な場合に実行することは，現状では，できていない[10)]．このように，構成要素間の相互作用を取り入れた系を多体系と呼び，相互作用のない独立構成要素からなる一体系と区別する．多体系の統計力学的に厳密な取り扱いは，スピン系に限らず，特殊な場合を除いて一般にできていないのが実情である．ここでは，最も簡単な近似である**分子場近似**を用いて，相互作用が磁性体の相転移にどのようにかかわるのか，見てみることにしよう．この近似は，1907 年にワイスが提唱したもので，着目するスピン (構成要素の 1 つ) の周囲にあるほかのスピンの効果を，統計力学的な平均値で置き換えることによって，多体系をあたかも一体系であるかのように扱う近似であり，**ワイス近似**，**平均場近似**などと呼ばれることもある [*18)]．

---

*18) 周囲を平均値で置き換えるという平均場近似の考え方は，磁性体以外の分野でも広く応用されていて，二元合金の相転移を扱う際のブラッグ–ウィリアムス近似，電子多体系に対するハート

統計力学的な平均を $\langle \boldsymbol{S}_i \rangle$ のように表すことにすれば，ハイゼンベルグモデル (6.2) は次のように書き換えることができる．

$$
\begin{aligned}
H &= -2J \sum_{\langle i,j \rangle} (\boldsymbol{S}_i - \langle \boldsymbol{S}_i \rangle + \langle \boldsymbol{S}_i \rangle) \cdot (\boldsymbol{S}_j - \langle \boldsymbol{S}_j \rangle + \langle \boldsymbol{S}_j \rangle) \\
&= -2J \sum_{\langle i,j \rangle} \{ \langle \boldsymbol{S}_i \rangle \cdot \langle \boldsymbol{S}_j \rangle + (\boldsymbol{S}_i - \langle \boldsymbol{S}_i \rangle) \cdot \langle \boldsymbol{S}_j \rangle + \langle \boldsymbol{S}_i \rangle \cdot (\boldsymbol{S}_j - \langle \boldsymbol{S}_j \rangle) \\
&\qquad + (\boldsymbol{S}_i - \langle \boldsymbol{S}_i \rangle) \cdot (\boldsymbol{S}_j - \langle \boldsymbol{S}_j \rangle) \} . \qquad (6.46)
\end{aligned}
$$

右辺 $\{\cdots\}$ 内の第 1 項は，すべてのスピン演算子を平均値で置き換えたものになっており，第 4 項は平均値からのずれの 2 次の項を表している．真ん中の 2 項は，平均値からのずれについて 1 次の寄与になっている．分子場近似のハミルトニアンは，このうちの第 4 項を無視することによって得られる．項を並べ替えて整理すれば，分子場近似のハミルトニアン H_{MFA} は [*19)]

$$
H_{\mathrm{MFA}} = -2J \sum_{\langle i,j \rangle} (\langle \boldsymbol{S}_i \rangle \cdot \boldsymbol{S}_j + \langle \boldsymbol{S}_j \rangle \cdot \boldsymbol{S}_i - \langle \boldsymbol{S}_i \rangle \cdot \langle \boldsymbol{S}_j \rangle) \qquad (6.47)
$$

となる．この形を見れば，各スピンに対し，周囲のスピンの影響を平均値として取り入れる近似であることが理解できよう．この導出からも明らかなように，分子場近似はまた，ゆらぎ (平均値からのずれ) に関して 2 次の項を無視するという近似でもある．

スピンのおかれているサイトに特別なものはないと考えれば，平均値はサイトによらない定数ベクトルと考えてよい．そのベクトルの向きを z 軸に取り，平均値の z 成分を m で表す [*20)] ことにすれば，H_{MFA} は次のようにまとめることができる．

$$
H_{\mathrm{MFA}} = -2Jzm \sum_{i=1}^{N} S_{iz} + Jzm^2 N. \qquad (6.48)
$$

ここで，z は各格子点に対する最近接格子点の数を表し，これは結晶構造を定め

リー–フォック近似などが知られている．近似の水準は高いとはいえないが，多体効果を直感的に理解する上では，非常に有効な方法である．最近では，一体近似である平均場近似で得られるものは，真の意味での多体効果とはいえないといわれているが，多体系に対する最初のとっかかりを与えてくれる手法であることは間違いない．

*19) 下つき文字の MFA は mean field approximation (分子場近似) の略である．

*20) $\langle \boldsymbol{S}_i \rangle = (0, 0, m)$ とおくことに対応．

れば一意的に決まるものである [*21]．スピン演算子にかかわる項は第 1 項だけであり，第 2 項は定数項である．この定数項は，H_{MFA} からエネルギーの期待値を計算する場合，第 1 項では最近接格子点の対を 2 度勘定していることになるため，その数えすぎを補正する役割を持っている．スピン演算子にかかわる項をよく見れば，本質的に z 方向の磁場が存在する独立スピンの問題と同等であることがわかる．実際，式 (6.30) の B を $2Jzm/\mu$ で置き換えれば，式 (6.48) の右辺第 1 項が得られる．したがって，m さえ決めれば，分配関数の計算などは独立スピンの場合のものをそのまま使えることになる．

次に，m を決める方法を論じよう．m は局所的なスピンの統計力学的な平均値として導入されたものなので，矛盾なく決めるためには，分子場近似のハミルトニアン H_{MFA} に基づく統計力学的確率で S_{iz} を平均したものに等しくなるように決めるべきである．スピンの大きさは，これまでと同様に 1/2 であるとし，温度 T のカノニカル分布を採用すれば，ここに述べたことは，次のように数式化できる．

$$
\begin{aligned}
m &= \langle S_{iz} \rangle \\
&= \frac{1}{Z} \sum_{\{S_{i'z}=\pm 1/2\}} S_{iz} \exp\left(\frac{2Jzm \sum_{i'} S_{i'z} - Jzm^2 N}{k_{\mathrm{B}} T} \right) \\
&= \frac{1}{ZN} \sum_{\{S_{i'z}=\pm 1/2\}} \left(\sum_{i'} S_{i'z} \right) \exp\left(\frac{2Jzm \sum_{i'} S_{i'z} - Jzm^2 N}{k_{\mathrm{B}} T} \right) \\
&= \frac{1}{2} \tanh\left(\frac{Jzm}{k_{\mathrm{B}} T} \right).
\end{aligned}
\tag{6.49}
$$

ここで，Z は H_{MFA} から求めた分配関数

$$
\begin{aligned}
Z &= \sum_{\{S_{i'z}=\pm 1/2\}} \exp\left(\frac{2Jzm \sum_{i'} S_{i'z} - Jzm^2 N}{k_{\mathrm{B}} T} \right) \\
&= \exp\left(-\frac{Jzm^2 N}{k_{\mathrm{B}} T} \right) \left[2\cosh\left(\frac{Jzm}{k_{\mathrm{B}} T} \right) \right]^N
\end{aligned}
\tag{6.50}
$$

---

*21) 最近接格子点の対に関する和は，すべての格子点とその最近接格子点に関する和を半分にしたものであることを用いる．z は配位数とも呼ばれ，単純立方格子では 6，面心立方格子では 12，体心立方格子では 8 などの値をとる．詳しくは，固体物理などの分野で学ぶことになる．配位数に対し座標変数と同じ記号 z を用いるが，常に J との積の形で現れるので，混乱はないであろう．

である．式 (6.49) の 3 段目は，どのサイトのスピンでも平均値は同じであることから導かれ，4 段目の計算には，B と $2Jzm/\mu$ の対応関係を利用して，式 (6.36) の結果を流用した．

式 (6.49) は，左辺の m を求めるために，右辺の m を知らなければならないということを意味している．このような方程式は一般に**自己無撞着方程式** (self-consistent equation) と呼ばれ，物理学ではしばしば登場するものである．要は，両辺の m が等しければよいので，この方程式を m を決めるための方程式と考えて解けばよいことになる．自己無撞着方程式は，解析的に解けない形になることが多く，この場合も解くためには数値計算などを用いなければならない．しかし，解の大まかな振る舞いを図形的に理解することは可能である．

$$x = \frac{Jzm}{k_{\mathrm{B}}T} \tag{6.51}$$

で x を導入し，式 (6.49) は直線

$$y = \frac{k_{\mathrm{B}}T}{Jz}x \tag{6.52}$$

と曲線

$$y = \frac{1}{2}\tanh x \tag{6.53}$$

の交点を求める式であると考えれば，図 6.6 のような関係を利用することができる．T_{c} は直線 (6.52) が曲線 (6.53) に (0,0) で接するときの温度であり，

$$T_{\mathrm{c}} = \frac{Jz}{2k_{\mathrm{B}}} \tag{6.54}$$

で与えられる．

図 6.6 から，$T \geq T_{\mathrm{c}}$ では実数解は $x = 0$ (すなわち $m = 0$) のみであることがわかる．$T < T_{\mathrm{c}}$ では，$x = 0$ を含め，3 つの解が存在する．0 と異なる解を $\pm x_0$ (対応する m の値を $\pm m_0$) とおくことにしよう．3 つの解のうち，どれを選ぶべきかは，自由エネルギーを計算してみなければわからない．すなわち，自由エネルギーの最も低い解を選ぶべきである．自由エネルギーは式 (6.33) の計算と同様にして次のように求められる．

$$F = -k_{\mathrm{B}}TN\left\{\ln\left[2\cosh\left(\frac{Jzm}{k_{\mathrm{B}}T}\right)\right] - \frac{Jzm^2}{k_{\mathrm{B}}T}\right\}. \tag{6.55}$$

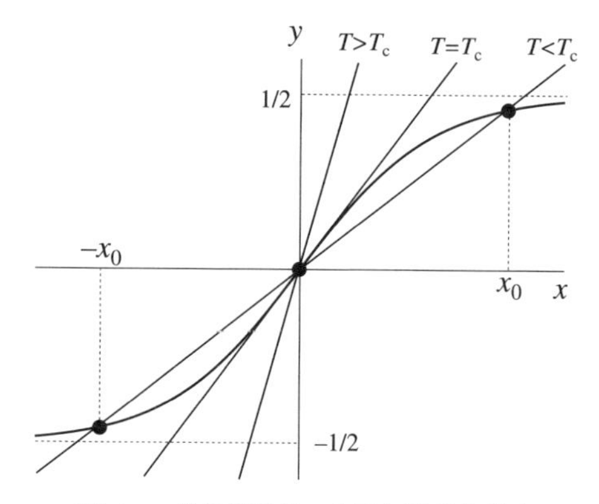

図 6.6　分子場近似の自己無撞着方程式
曲線は式 (6.53)，直線は式 (6.52) に対応．x と m の関係は式 (6.51) で与えられる．

ここで，分配関数 (6.50) の最初の因子 (ハミルトニアンの定数項から導かれるもの) の寄与 (右辺 $\{\cdots\}$ 内の最後の項) を忘れずに含めておくことに注意する．F の m の関数としての振る舞いを見るために，m に関する微分を計算すると

$$\frac{\partial F}{\partial m} = -JzN\left\{\tanh\left(\frac{Jzm}{k_{\mathrm{B}}T}\right) - 2m\right\} \tag{6.56}$$

となり，自己無撞着方程式 (6.49) は，F の m に関する極値を求める式になっていることがわかる [*22]．図 6.6 を参考に，式 (6.56) から F の m に関する増減表を書いてみれば，$m = \pm m_0$ の場合に，F は最も小さくなることがわかる [*23]．

自己無撞着方程式を一般の温度に対して解くには，反復法などの数値的手法に頼るしかないが，T_{c} 近傍や絶対零度近傍では，解析的な扱いが可能である．まず，T_{c} 近傍での計算を示す．この場合，m が非常に小さいと期待されるので，自己無撞着方程式 (6.49) の右辺を m について展開してみると，

$$m = \frac{1}{2}\left\{\frac{2T_{\mathrm{c}}}{T}m - \frac{1}{3}\left(\frac{2T_{\mathrm{c}}}{T}m\right)^3 + O(m^5)\right\} \tag{6.57}$$

となる．ここで，J の代わりに式 (6.54) の T_{c} が用いられている．m の 5 次以

[*22] この事実は，自由エネルギーを適当なパラメータによって近似的に表し，自由エネルギーがなるべく小さくなるようにそのパラメータを選ぶという近似法 (変分法と呼ばれる) に関係しているのであるが，ここではこれ以上立ち入らない．詳しくは，統計力学を本格的に学ぶ際に勉強してほしい．

[*23] F は m の偶関数なので，正負どちらかまでは決められない．

上の項を無視すれば，

$$m\left\{\frac{T-T_{\mathrm{c}}}{T}+\frac{4}{3}\left(\frac{T_{\mathrm{c}}}{T}\right)^3 m^2\right\}=0 \tag{6.58}$$

となり，$T \geq T_{\mathrm{c}}$ では実数解として $m=0$ のみが存在し，$T<T_{\mathrm{c}}$ では $m=0$ のほかに $m=\pm m_0$ も解になることがわかる．ただし，

$$m_0=\sqrt{\frac{3}{4}\frac{T_{\mathrm{c}}-T}{T_{\mathrm{c}}}} \tag{6.59}$$

である．ここで，$T_{\mathrm{c}}-T$ の高次の項は無視されている．磁化が

$$M=N\mu m \tag{6.60}$$

で与えられることに注意すれば，式 (6.59) は，T_{c} より低温で，スピン間相互作用に起因する自発磁化が $\sqrt{T_{\mathrm{c}}-T}$ に比例して成長することを意味している．

例題6.3-2 絶対零度の近傍における m の温度依存性を示せ．

[解答] 図 6.6 を参考にすれば，絶対零度の極限における m の値は 1/2 になることが明らかなので，絶対零度の近傍では m が 1/2 に近いと考え，

$$m=\frac{1}{2}-\delta m \tag{6.61}$$

で導入された δm が十分小さいものとして，自己無撞着方程式を次のように書き換える．

$$\begin{aligned}\frac{1}{2}-\delta m &= \frac{1}{2}\tanh\left[\frac{Jz}{k_{\mathrm{B}}T}\left(\frac{1}{2}-\delta m\right)\right] \\ &= \frac{1}{2}\left\{\tanh\left(\frac{Jz}{2k_{\mathrm{B}}T}\right)\right. \\ &\qquad \left. -\operatorname{sech}^2\left(\frac{Jz}{2k_{\mathrm{B}}T}\right)\frac{JZ}{k_{\mathrm{B}}T}\delta m+O\left((\delta m)^2\right)\right\}.\end{aligned} \tag{6.62}$$

$T\to 0$ の極限で

$$\tanh\left(\frac{Jz}{2k_{\mathrm{B}}T}\right)\simeq 1-2\exp\left(-\frac{Jz}{k_{\mathrm{B}}T}\right), \tag{6.63}$$

$$\operatorname{sech}^2\left(\frac{Jz}{2k_{\mathrm{B}}T}\right)\simeq 4\exp\left(-\frac{Jz}{k_{\mathrm{B}}T}\right) \tag{6.64}$$

であることに注意すれば，式 (6.62) の右辺第 2 項は無視することができ，絶対

零度の近傍では

$$\delta m \simeq \exp\left(-\frac{Jz}{k_{\mathrm{B}}T}\right) \tag{6.65}$$

となることがわかる. ■

磁化が式 (6.60) のように表されることから，自発磁化の温度依存性を図示すると図 6.7 のようになる. $T = T_{\mathrm{c}}$ における相転移は，2 次転移である.

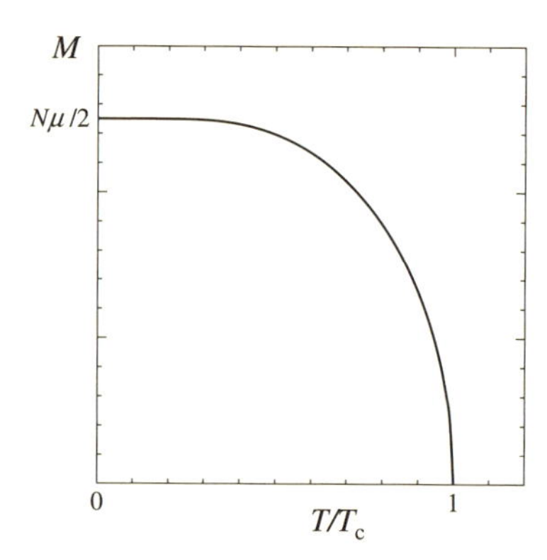

図 **6.7** 分子場近似における自発磁化の温度依存性

次に, 6.1 節で考察した磁性体の熱力学的取り扱いと比較するために, 式 (6.55) と (6.60) を用いて，自由エネルギー F を磁化 M の関数として表してみよう.

$$F = -k_{\mathrm{B}}TN\left\{\ln\left[2\cosh\left(\frac{JzM}{k_{\mathrm{B}}TN\mu}\right)\right] - \frac{JzM^2}{k_{\mathrm{B}}T(N\mu)^2}\right\}. \tag{6.66}$$

特に，転移温度 T_{c} の近傍で M が小さい場合には，この F を M に関して展開することができる. T_{c} 近傍で重要な項だけを残すことにすれば,

$$F = -k_{\mathrm{B}}TN\ln 2 + \frac{2k_{\mathrm{B}}}{N\mu^2}(T - T_{\mathrm{c}})M^2 + \frac{4k_{\mathrm{B}}}{3N^3\mu^4}M^4 \tag{6.67}$$

が得られる. 式 (6.5)〜(6.7) と比較すれば，熱力学的な表式に登場する $F_0(T)$ やパラメータ b_2, b_4 とミクロなモデルハミルトニアンに含まれるパラメータとの関係は自明であろう. 統計力学を用いれば，熱力学的なパラメータがミクロなパラメータとどのように結びついているかがわかるのである.

例題6.3-3 分子場近似における帯磁率を計算し温度依存性を図示せよ.

[解答]　ハイゼンベルグモデルに外部磁場 $\boldsymbol{B}$ の効果をつけ加えるには，モデルハミルトニアン (6.2) にゼーマン項 (6.3) を加えればよい．分子場近似では，内部分子場と外部磁場が各スピンに加わっているとするだけでよいので，スピンの期待値に対する自己無撞着方程式は

$$m = \frac{1}{2}\tanh\left(\frac{Jzm + \mu B}{k_{\mathrm{B}}T}\right) \tag{6.68}$$

となる．磁場が 0 の場合の解を m_0 で表し，磁場が加わったことによる m の変化分を Δm と書くことにすれば，

$$m_0 + \Delta m = \frac{1}{2}\tanh\left(\frac{Jzm_0}{k_{\mathrm{B}}T} + \frac{Jz\Delta m + \mu B}{k_{\mathrm{B}}T}\right), \tag{6.69}$$

$$m_0 = \frac{1}{2}\tanh\left(\frac{Jzm_0}{k_{\mathrm{B}}T}\right) \tag{6.70}$$

のように書ける．式 (6.69) で，tanh の引数の後半部分が 1 に比べて十分小さい場合 (ゼロ磁場極限) には，展開して B の 1 次まで残すことによって [*24]，

$$\begin{aligned}\Delta m &= \frac{(\mu B/2k_{\mathrm{B}}T)\mathrm{sech}^2(Jzm_0/k_{\mathrm{B}}T)}{1-(Jz/2k_{\mathrm{B}}T)\mathrm{sech}^2(Jzm_0/k_{\mathrm{B}}T)} \\ &= \frac{1-4m_0^2}{1-(T_{\mathrm{c}}/T)(1-4m_0^2)}\frac{\mu}{2k_{\mathrm{B}}T}B \\ &= \frac{\mu}{2k_{\mathrm{B}}}\frac{1-4m_0^2}{T-T_{\mathrm{c}}+4T_{\mathrm{c}}m_0^2}B \end{aligned} \tag{6.71}$$

を得る．2 段目の変形の際には式 (6.70) を利用し，また T_{c} が式 (6.54) で与えられることを用いた．磁化と m の関係に注意し，式 (6.71) の右辺の B を除いた部分に $N\mu$ をかければ，ゼロ磁場極限の帯磁率 χ が得られることになる．$T > T_{\mathrm{c}}$ の場合は $m_0 = 0$ なので，

$$\chi(T > T_{\mathrm{c}}) = \frac{N\mu^2}{2k_{\mathrm{B}}}\frac{1}{T-T_{\mathrm{c}}} \tag{6.72}$$

となって，キュリー–ワイスの法則が導かれる．また，$T < T_{\mathrm{c}}$ で T が T_{c} に近い場合には，m_0 に対して式 (6.59) を用いることができるので，

$$\chi(T < T_{\mathrm{c}}, T \simeq T_{\mathrm{c}}) = \frac{N\mu^2}{4k_{\mathrm{B}}}\frac{1}{T_{\mathrm{c}}-T} \tag{6.73}$$

---

*24)　Δm も B に比例して小さいと仮定して計算を進め，結果が矛盾しなければよしとする．

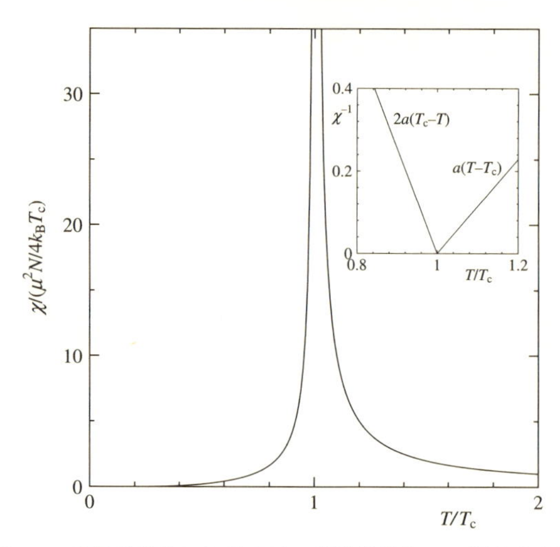

図 6.8　分子場近似におけるゼロ磁場帯磁率 χ の温度依存性
挿入図は，帯磁率の逆数 χ^{-1} を温度の関数として描いたもの．

を得る．また，絶対零度の近傍では，$m=\frac{1}{2}-\exp(-Jz/k_BT)$ とおくことができるので，

$$\chi(T\to 0)=\frac{2N\mu}{k_B}\frac{\exp(-Jz/k_BT)}{T} \tag{6.74}$$

のように振る舞うことがわかる．帯磁率の温度依存性を図示すれば，図 6.8 のようになる [*25]．挿入図は，帯磁率の逆数の温度依存性を描いたものであるが，実験でも帯磁率の温度依存性から T_c を決めるのに，逆数のプロットはよく用いられる．■

例題6.3-4 外部磁場は 0 として，分子場近似における熱容量を計算し，温度依存性を図示せよ．

[解答]　自由エネルギーが温度の関数として決められるので，そこから熱容量を計算することができる．磁場が 0 の場合の自由エネルギーは式 (6.55) で与えられる．ただし，m は式 (6.49) の解として，温度の関数として定められるものである．エントロピーは F の温度微分に負号をつけて得られる．

$$S=-\frac{\partial F}{\partial T}=-\left(\frac{\partial F}{\partial T}\right)_m-\left(\frac{\partial F}{\partial m}\right)_T\frac{\mathrm{d}m}{\mathrm{d}T}. \tag{6.75}$$

*25)　一般の温度における $m_0(T)$ は，自己無撞着方程式 (6.70) を数値的に解いたものを用いている．

m は F の m 微分が 0 になるように決められるので，第 1 項だけを計算すればよい．したがって，

$$S = k_{\rm B}N\left\{\ln\left[2\cosh\left(\frac{Jzm}{k_{\rm B}T}\right)\right] - \frac{Jzm}{k_{\rm B}T}\tanh\left(\frac{Jzm}{k_{\rm B}T}\right)\right\} \tag{6.76}$$

となる．右辺第 2 項の tanh 部分は，自己無撞着方程式 (6.49) を用いて，$2m$ に置き換えることができる．$T > T_{\rm c}$ では $m = 0$ なので，エントロピーは $S = k_{\rm B}N\ln 2$ となる．また，絶対零度の極限では $S \to 0$ となることを確かめるのは容易である．熱容量は，S の温度微分 (m も温度の関数であることに注意) に T をかけて得られる．

$$\begin{aligned}
C &= T\frac{\partial S}{\partial T} \\
&= k_{\rm B}TN\left\{\tanh\left(\frac{Jzm}{k_{\rm B}T}\right)\left(-\frac{Jzm}{k_{\rm B}T^2} + \frac{Jz}{k_{\rm B}T}\frac{{\rm d}m}{{\rm d}T}\right)\right. \\
&\qquad\qquad \left. + 2\frac{Jzm^2}{k_{\rm B}T^2} - \frac{Jz}{k_{\rm B}T}4m\frac{{\rm d}m}{{\rm d}T}\right\} \\
&= -JzN\frac{{\rm d}m^2}{{\rm d}T}.
\end{aligned} \tag{6.77}$$

途中で，自己無撞着方程式を利用して tanh 部分を $2m$ で置き換えた．図 6.7 からもわかるように，$T < T_{\rm c}$ における m の温度微分は負なので，熱容量は正になる．$T_{\rm c}$ より下の $T_{\rm c}$ 近傍で，$m^2 = \frac{3}{4}(T_{\rm c} - T)/T_{\rm c}$ となるので，低温側から $T_{\rm c}$ に近づくとき，熱容量は

$$C = \frac{3JzN}{4T_{\rm c}} = \frac{3k_{\rm B}N}{2} \tag{6.78}$$

に近づく．ここで，$T_{\rm c}$ が式 (6.54) で与えられることを用いた．$T_{\rm c}$ 近傍での温度変化を見るためには，m の計算を $T_{\rm c} - T$ に関して，より高次まで計算する必要がある．原理的には可能であるが，面倒な計算を伴うので，ここでは省略する．自己無撞着方程式 (6.49) の両辺を温度で微分し，ハイパボリック関数は自己無撞着方程式を利用して，m で表すことにすれば，m の温度微分に対して，次の結果を得る．

$$\frac{1}{2}\frac{{\rm d}m^2}{{\rm d}T} = m\frac{{\rm d}m}{{\rm d}T} = -\left(\frac{T_{\rm c}}{T}\right)\frac{m^2(1-4m^2)}{T - T_{\rm c} + 4T_{\rm c}m^2}. \tag{6.79}$$

ここで，式 (6.54) により，Jz が $T_{\rm c}$ で表されることを用いた．全般的な温度依

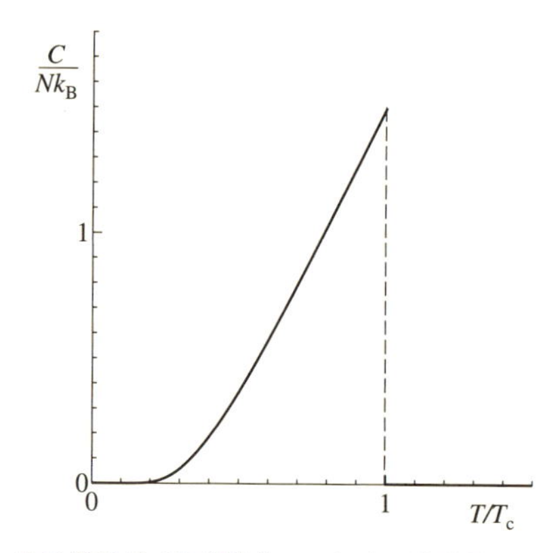

図 6.9 分子場近似 (強磁性体) における熱容量の温度依存性

存性を求めるには，この式の右辺に現れる m に自己無撞着方程式の数値解を代入すればよい．熱容量の温度依存性を図示すると，図 6.9 のようになる． ■

6.4 履歴現象 (ヒステリシス) について

1 次相転移の特徴の 1 つに履歴現象 (ヒステリシス，hysteresis) がある．これは，1 次相転移に伴う準安定状態の存在に起因するものであるが，磁場中の強磁性体で，それを説明しておこう [*26)]．

分子場近似の範囲内で，磁場中の磁化は式 (6.68) を解いて計算される．前節では磁場 B が弱い場合を扱ったが，一般の B に対しては，自己無撞着方程式 (6.68) を直接解かねばならない．この方程式は数値的方法で解く以外に一般的には解くことができない．しかし，特殊な極限での解を予想することはできる．まず，$B = 0$ の場合は，$m = \pm m_0$ が解である．さらに，$B \to \infty$ の極限を取れば，$m \to 1/2$ となるし，$B \to -\infty$ の極限では $m \to -1/2$ となると考えてよい．また，$T < T_c$ の温度で B を 0 から少しずつ大きくしていくことを考えると，m は図 6.10 に示されているような曲線と直線の交点から求められる．横軸は m であるが，縦軸を y とすれば，曲線は $y =$ 式 (6.68) の右辺，直線は $y = m$ に対応する．

---

*26) 本節でも，スピンの大きさは 1/2 の場合に限定しておく．

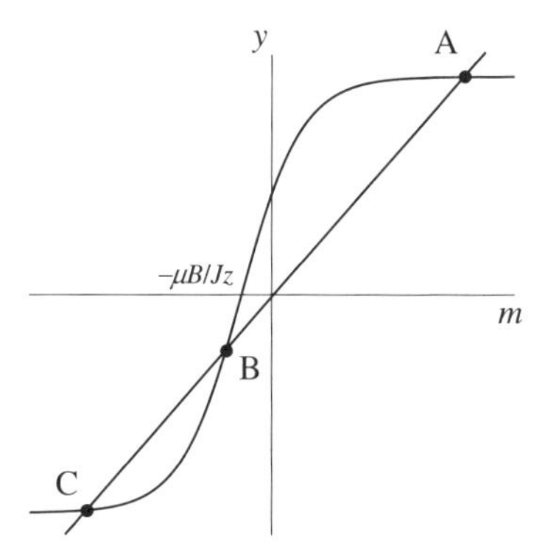

図 **6.10** 磁場中の強磁性体に対する分子場近似における自己無撞着方程式 (6.68) の図解
温度は $T < T_\mathrm{c}$ にあり，磁場はあまり強くない場合が想定されている．

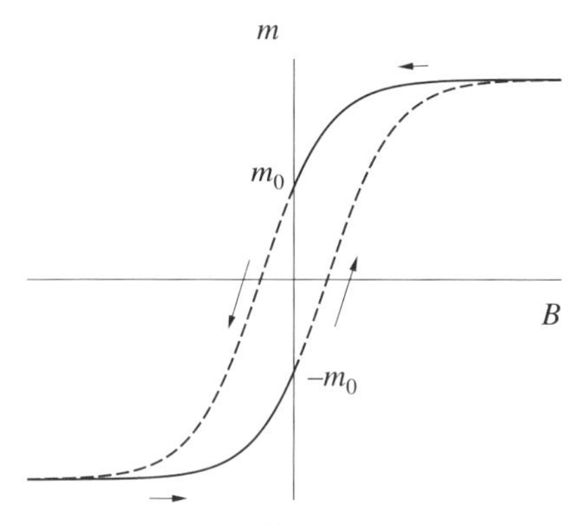

図 **6.11** T_c より低温での強磁性体における m の B 依存性 (概略図)

B (>0) を大きくしていけば，曲線は左側に移動し，点 B と C は互いに近づき，ある磁場以上では，B, C に対応する交点はなくなり，自己無撞着方程式の実数解は点 A に対応するものだけになる．$B<0$ で絶対値を大きくしていっても，同様のことが起こる．このようにして，自己無撞着方程式の解を，B の関数として描けば，図 6.11 のような曲線が得られる．実線は安定解，破線は準安定解に相当する．実際の強磁性体においても，強い磁場の極限から，ゆっくりと磁場を減らしていけば，この図の上側の曲線に沿って磁化 (磁化は m に比例) が減少していき，$B<0$ の領域に入っても，すぐに下側の曲線に移るのではなく，上側の破線曲線に沿った動きを示す．負で十分強い磁場の領域に行ってか

ら，今度は反転させて絶対値を小さくしていき，正の磁場の領域に入れば，今度は下側の実線から下側の破線へと移動していくことになる．現実の実験では，磁場変化を無限にゆっくりすることはできないので，非平衡の要素が混じって，必ずしも計算値のとおりになるとは限らないが，磁場を減少させた場合の磁化の変化と，増大させていく場合の変化は，同じ道筋を通らないという現象は観測される．このような現象を**履歴現象** (**ヒステリシス**) と呼ぶ．同様の履歴現象は，気体–液体間の相転移 (気化，液化)，液体–固体間の相転移 (融解，固化) でも見られ，相転移の研究では，履歴現象の有無が，1 次相転移の証拠の 1 つとみなされる．

現実の系では，自発磁化，帯磁率，熱容量などが，ここで示されたような振る舞いを正確に再現するわけではないが，磁性体の相転移がスピン間相互作用によって引き起こされる仕組みは，分子場近似のような粗い近似でも，ある程度理解できるということを認識するのは大切である．本章で扱った強磁性体のモデルは，構成要素間の相互作用が存在している場合の熱力学，統計力学を考えるのに大変有用なシステムであり，しかも実用上も重要である．純粋な熱力学の範疇からは少しずれることになったが，本書の目的である，初歩的な統計力学を取り入れた熱力学の観点からは，格好の素材なので，ページを割いて記述した．ミクロなシステムとマクロな現象のつながりを少しでも感じて頂けたら幸いである．

○過冷却と過熱

上述の強磁性体の場合は磁場をパラメータとして相転移が起こることを想定したが，気体，液体，固体の場合は温度をパラメータとすることが多い [*27]．この場合，高温の相から，ゆっくり冷却していき，転移温度以下の準安定状態になることを**過冷却** (supercooling) と呼ぶ．逆に低温相を加熱して，転移温度以上になっても準安定状態になることは**過熱** (superheating) と呼ぶ．1 気圧下の水の場合では，$-20°$C 程度の過冷却水を作ることも可能である．過冷却状態にある液体や気体は，外部からのわずかな刺激で固化や液化を起こす．大気上空でも，

[*27] 圧力などほかの熱力学変数をパラメータとすることもある．

温度変化がゆっくりしていれば，過冷却水滴ができる可能性がある．そのような過冷却水滴を含む雲の中に，飛行機からドライアイスを散布したり，地上からヨウ化銀やヨウ化鉛の煙を立ち上らせて氷晶核を増大させることによって降雨を引き起こそうというのが人工降雨の原理である．また，過熱状態の液体は，外部からのわずかな刺激によって突沸を起こすことがあるので，注意が必要である．

過冷却や過熱は，降温過程と昇温過程でたどる道筋が異なる履歴現象を反映したものであり，潜熱の存在とともに，気・液・固相間の相転移が 1 次相転移であることの証拠となっている．

7 ゆらぎと観測量

物質の性質を実験的に調べる場合，制御可能なパラメータを人為的に変化させたり，外部からエネルギーや力を注入して，対象となる系がどのように反応するか，応答を見るというのが，標準的な手法である．熱力学的な応答では，熱エネルギーを注入した場合の温度上昇の仕方を見る比熱測定や，磁性体に外部磁場を加えて，磁化の変化を見る帯磁率の測定などがよく知られている．比熱や帯磁率の測定は，ミクロに見た場合，系の何を観測していることになるのだろうか．この章では，初歩的な統計力学の範囲内で，比熱 (熱容量) や帯磁率の意味を考察してみよう．

7.1　熱容量とエネルギーのゆらぎ

3.5 節で，カノニカル分布における内部エネルギー E とエントロピー S が分配関数 Z (式 (3.54) 参照) を用いて，それぞれ式 (3.55), (3.56) のように表されることを示した．また，例題 1.5-2 では，熱力学的議論から，定積熱容量 C_V が内部エネルギーの定積温度微分で計算されることを説明した．ここでは，統計力学的観点から式 (1.22) に当たる式を導いてみよう．

C_V はエントロピーの定積温度微分に温度 T をかけるというのが，本来の定義なので，式 (3.56) から次のように計算される．

$$
\begin{aligned}
C_V &= T\left(\frac{\partial S}{\partial T}\right)_V \\
&= T\left\{-\frac{1}{T^2}E + \frac{1}{T}\left(\frac{\partial E}{\partial T}\right)_V + k_{\mathrm{B}}\frac{\partial \ln Z}{\partial \beta}\left(-\frac{1}{k_{\mathrm{B}}T^2}\right)\right\}
\end{aligned}
$$

$$
= \left(\frac{\partial E}{\partial T}\right)_V . \tag{7.1}
$$

最後の変形では E が式 (3.55) で与えられることを用いた．この結果は，式 (1.22) そのものである．

熱容量のミクロな意味を理解するために，式 (3.55) を用いて，式 (7.1) の具体的な計算を実行してみよう．

$$
\begin{aligned}
C_V &= -\frac{\partial}{\partial T}\frac{\partial \ln Z}{\partial \beta} \\
&= -\frac{\mathrm{d}\beta}{\mathrm{d}T}\frac{\partial}{\partial \beta}\left(\frac{1}{Z}\frac{\partial Z}{\partial \beta}\right) \\
&= \frac{1}{k_{\mathrm{B}}T^2}\left\{\frac{1}{Z}\frac{\partial^2 Z}{\partial \beta^2} - \frac{1}{Z^2}\left(\frac{\partial Z}{\partial \beta}\right)\right\} \\
&= \frac{1}{k_{\mathrm{B}}T^2}\left\{\frac{1}{Z}\sum_n E_n^2 \mathrm{e}^{-\beta E_n} - \left(\frac{1}{Z}\sum_n E_n \mathrm{e}^{-\beta E_n}\right)^2\right\} \\
&= \frac{1}{k_{\mathrm{B}}T^2}[\langle E_n^2\rangle - (\langle E_n\rangle)^2] \\
&= \frac{1}{k_{\mathrm{B}}T^2}\langle (E_n - \langle E_n\rangle)^2\rangle .
\end{aligned} \tag{7.2}
$$

ここで，統計力学的な平均を $\langle\cdots\rangle$ で表した．最後の変形は，逆に最後の表式から，1 段上の表式を導いてみれば，簡単に確かめることができる．この結果は，定積熱容量が，エネルギーの平均値からのずれの 2 乗を平均したもの (平均値からのずれは一般に「ゆらぎ」と呼ばれる) に比例することを意味している．熱容量 (あるいは単位体積当たりなどに直した比熱) を測定するということは，平衡状態におけるエネルギーのゆらぎを測定していることになるのである．このように，熱容量の測定は，ミクロな情報の 1 つであるエネルギーのゆらぎを求めようとする作業になっていることがわかる．これも，より根源的な，よりミクロな理解を深めようとする物理学における物質系探求の一端である．

7.2　帯磁率と磁化のゆらぎ

熱容量がエネルギーのゆらぎに関連しているように，帯磁率は磁化のゆらぎに関係していることがわかる．以下で，簡単な場合を例に取り，そのことを示そう．

まず，最も単純な磁場中の独立スピン系に対する微分帯磁率 $\chi_{\rm dif}$ を考えよう．微分帯磁率は磁化の磁場 B に関する微分で与えられる．磁場中の独立スピン系の場合，磁場方向の磁化 M_z は式 (6.34) で与えられる．ただし，分配関数 Z は，平均前の磁化の z 成分の演算子を，

$$\mathcal{M}_z = \mu \sum_i S_{iz} \tag{7.3}$$

で表すことにすれば，

$$Z = \sum_{\{S_{iz}=\pm 1/2\}} {\rm e}^{\beta B \mathcal{M}_z} \quad \left(\beta = \frac{1}{k_{\rm B}T}\right) \tag{7.4}$$

で与えられる．この表式を用いれば，

$$M_z = \langle \mathcal{M}_z \rangle = k_{\rm B}T \frac{\partial \ln Z}{\partial B} \tag{7.5}$$

となり，したがって，微分帯磁率 $\chi_{\rm dif}(T, B)$ は次のように計算される．

$$\begin{aligned}\chi_{\rm dif}(T, B) &= \frac{\partial M_z}{\partial B} \\ &= k_{\rm B}T \left\{ \frac{1}{Z}\frac{\partial^2 Z}{\partial B^2} - \frac{1}{Z^2}\left(\frac{\partial Z}{\partial B}\right)^2 \right\} \\ &= \frac{1}{k_{\rm B}T}\left\{ \langle \mathcal{M}_z^2 \rangle - (\langle \mathcal{M}_z \rangle)^2 \right\} \\ &= \frac{1}{k_{\rm B}T}\langle (\mathcal{M}_z - M_z)^2 \rangle. \end{aligned} \tag{7.6}$$

この結果は，微分帯磁率が，磁化のゆらぎの 2 乗平均に比例することを意味している．つまり，帯磁率の測定は，磁化のゆらぎを測定していることになるのである．ゼロ磁場の極限では，$M_z = 0$ なので，6.3 節で求めたゼロ磁場帯磁率は，磁化の 2 乗平均に比例することになるが，これもゆらぎの 2 乗平均と呼んで差し支えない．

スピン間に相互作用があっても，帯磁率と磁化のゆらぎの関係は一般的に示すことができるが，量子力学的に扱う際には少々面倒な計算も必要になり，初歩的統計力学の範囲を逸脱するので，ここでは深入りせず，6.3 節で扱った分子場近似の範囲内でできることだけを次の例題で説明しておこう．

例題7.2-1 スピン間に強磁性的な相互作用 J が働いている場合 (式 (6.2) 参照) を考え，分子場近似の範囲内で，有限磁場下の微分帯磁率が磁化のゆらぎで与えられることを示せ．

[解答] 磁場 B が z 方向にかかっている場合の分子場近似では，分配関数 Z が，式 (7.3) の $\mathcal{M}_z$ を用いて

$$Z_{\mathrm{MFA}} = \exp\left(-\frac{Jzm^2N}{k_{\mathrm{B}}T}\right)\sum_{\{S_{iz}=\pm 1/2\}}\exp\left[\left(\frac{Jzm}{\mu}+B\right)\mathcal{M}_z\right] \tag{7.7}$$

のように表される．ただし，自己無撞着方程式 (6.68) で決められるべきスピンの期待値 m は磁場 B と温度 T の関数である．この場合でも，Z_{MFA} から得られる自由エネルギー

$$F = -k_{\mathrm{B}}T\ln Z_{\mathrm{MFA}} \tag{7.8}$$

に対し，熱力学的な関係式 (6.35) が成り立つことを示すことができる．実際，m が B に依存することを考慮に入れて F の B 微分を計算してみると，

$$\begin{aligned}\left(\frac{\partial F}{\partial B}\right)_T &= \left(\frac{\partial F}{\partial m}\right)_{T,B}\frac{\partial m}{\partial B}+\left(\frac{\partial F}{\partial B}\right)_{T,m}\\ &= -k_{\mathrm{B}}T\frac{1}{Z_{\mathrm{MFA}}}\left(\frac{\partial Z_{\mathrm{MFA}}}{\partial B}\right)_{T,m}\\ &= -\langle\mathcal{M}_z\rangle\\ &= -M_z\end{aligned} \tag{7.9}$$

となる．途中で，m が F の m 微分を 0 にするように決められるということを用いた．また，F の m 微分が 0 という条件は，

$$\left(\frac{\partial Z_{\mathrm{MFA}}}{\partial m}\right)_{T,B} = 0 \tag{7.10}$$

という条件と等価であることも式 (7.8) から自明である．したがって，分子場近似内での微分帯磁率は以下のように計算される．

$$\begin{aligned}\chi_{\mathrm{dif}}^{(\mathrm{MFA})} &= \left(\frac{\partial M_z}{\partial B}\right)_T\\ &= k_{\mathrm{B}}T\left[\frac{\partial}{\partial B}\frac{1}{Z_{\mathrm{MFA}}}\left(\frac{\partial Z_{\mathrm{MFA}}}{\partial B}\right)_{T,m}\right]_T\end{aligned}$$

$$
\begin{aligned}
&= k_{\mathrm{B}}T\left\{\frac{1}{Z_{\mathrm{MFA}}}\left[\left(\frac{\partial^2 Z_{\mathrm{MFA}}}{\partial B^2}\right)_{T,m}\right.\right. \\
&\qquad \left. + \left(\frac{\partial}{\partial m}\left(\frac{\partial Z_{\mathrm{MFA}}}{\partial B}\right)_{T,m}\right)_{T,B}\left(\frac{\partial m}{\partial B}\right)_T\right] \\
&\qquad - \frac{1}{Z_{\mathrm{MFA}}^2}\left(\frac{\partial Z_{\mathrm{MFA}}}{\partial B}\right)_{T,m}\left[\left(\frac{\partial Z_{\mathrm{MFA}}}{\partial B}\right)_{T,m}\right. \\
&\qquad \left.\left. + \left(\frac{\partial Z_{\mathrm{MFA}}}{\partial m}\right)_{T,B}\left(\frac{\partial m}{\partial B}\right)_T\right]\right\} \\
&= k_{\mathrm{B}}T\left\{\frac{1}{Z_{\mathrm{MFA}}}\left(\frac{\partial^2 Z_{\mathrm{MFA}}}{\partial B^2}\right)_{T,m}\right. \\
&\qquad \left. - \left[\frac{1}{Z_{\mathrm{MFA}}}\left(\frac{\partial Z_{\mathrm{MFA}}}{\partial B}\right)_{T,m}\right]^2\right\} \\
&= \frac{1}{k_{\mathrm{B}}T}\left[\langle \mathcal{M}_z^2\rangle - (\langle \mathcal{M}_z\rangle)^2\right] \\
&= \frac{1}{k_{\mathrm{B}}T}\langle(\mathcal{M}_z - \langle\mathcal{M}_z\rangle)^2\rangle. \qquad (7.11)
\end{aligned}
$$

途中で式 (7.10) および

$$
\left(\frac{\partial}{\partial m}\left(\frac{\partial Z_{\mathrm{MFA}}}{\partial B}\right)_{T,m}\right)_{T,B} = \left(\frac{\partial}{\partial B}\left(\frac{\partial Z_{\mathrm{MFA}}}{\partial m}\right)_{T,B}\right)_{T,m} = 0 \qquad (7.12)
$$

であることを用いた．この結果は，やはり，微分帯磁率が磁化のゆらぎの 2 乗に比例していることを表している． ■

ここで，示したのは特殊な場合や近似の範囲内での説明であるが，先に述べたように，少し高度な統計力学では，きちんとした量子論的な扱いをすることによって，一般的に，微分帯磁率と磁化のゆらぎの関係を示すことが可能である．実験でいろいろな応答を測定する場合，系のミクロなゆらぎを間接的に測定していることになる場合が多い．これは，電気伝導などの非平衡な現象にも当てはまるものなのだが，初歩的統計力学の範囲を逸脱するので，これ以上立ち入らないことにする．

熱力学・統計力学でよく用いる数学

数学は物理学にとって“言語”に当たるものであり，学ぶのに労力を要するのは事実であるが，理解できてしまえば，物理法則をより深く，より明確に理解できるようになるので，少なくとも基礎的なものについてはある程度身につけておくことが大切である．また，数学を学ぶ過程でも，いろいろな考え方に接することができるので，その点も楽しんでほしいものである．

A.1 偏　　微　　分

熱力学に限らず，物理学では複数の独立変数が存在する場合の偏微分が頻繁に用いられる．偏微分とは，ほかの独立変数を固定して，1 つの独立変数だけを変化させた場合の微分を意味する．例えば，熱力学における気体の内部エネルギー U を，温度 T と体積 V の関数とみなした場合の，T に関する偏微分，V に関する偏微分は，それぞれ以下のように定義される．

$$\left(\frac{\partial U}{\partial T}\right)_V = \lim_{\mathrm{d}T \to 0} \frac{U(T+\mathrm{d}T, V) - U(T,V)}{\mathrm{d}T}, \tag{A.1}$$

$$\left(\frac{\partial U}{\partial V}\right)_T = \lim_{\mathrm{d}V \to 0} \frac{U(T, V+\mathrm{d}V) - U(T,V)}{\mathrm{d}V}. \tag{A.2}$$

左辺括弧右下の添え字変数は，その変数を固定していることを明示するもので，省略されることもある．固定する変数は，単なるパラメータと考えればよいので，通常の微分 (常微分) と本質的に変わることはない．

例えば，$z = f(x, y)$ という関数関係があり，x と y が独立な変数とみなせる場合，x と y を微少量 $\mathrm{d}x$ と $\mathrm{d}y$ だけ変化させたことによる z の微小な変化は

$$\mathrm{d}z = \frac{\partial f}{\partial x}\mathrm{d}x + \frac{\partial f}{\partial y}\mathrm{d}y \tag{A.3}$$

のように表すことができる．上に挙げた例では，z が x と y の組によって決まると考えたので，x, y が独立変数，z が従属変数ということになるが，$z = f(x, y)$ という関係式を，x に関する方程式とみなして，x について解き，$x = g(y, z)$ のような関係式を導けば，y と z が独立変数，x が従属変数ということになる．どの変数を独立変数に選ぶかは，その都度，都合のよいように決めればよい．

式 (A.3) を用いると

$$\left(\frac{\partial z}{\partial x}\right)_y = \frac{\partial f}{\partial x} \tag{A.4}$$

$$\left(\frac{\partial x}{\partial y}\right)_z = -\frac{\partial f/\partial y}{\partial f/\partial x} \tag{A.5}$$

$$\left(\frac{\partial y}{\partial z}\right)_x = \frac{1}{\partial f/\partial y} \tag{A.6}$$

となるので，3 つをかけ合わせることによって，次のような簡単な関係が成り立つ．

$$\left(\frac{\partial z}{\partial x}\right)_y \left(\frac{\partial x}{\partial y}\right)_z \left(\frac{\partial y}{\partial z}\right)_x = -1. \tag{A.7}$$

この関係式は，熱力学のいろいろな関係式を導く際に利用されることが多い．

常微分の場合と同様，偏微分でも 2 階微分 (あるいはそれ以上の微分) は存在する．多変数であることの特徴は，異なる独立変数で微分する場合があることである．上で用いた例でいえば，$f(x, y)$ を最初に x で偏微分し，次に y で偏微分したり，逆に最初に y 微分を実行して，次に x 微分を行ったりすることができる．関数が x でも y でも微分可能である限り，2 階微分は微分の順序に依存しない．したがって，

$$\frac{\partial^2 f(x, y)}{\partial y \partial x}\left[\equiv \left(\frac{\partial}{\partial y}\left(\frac{\partial f}{\partial x}\right)_y\right)_x\right] = \frac{\partial^2 f(x, y)}{\partial x \partial y} \tag{A.8}$$

が成り立つ．この関係式も，熱力学ではしばしば利用される．

▶完全微分と不完全微分

微分 (微小変化) が，適当な多変数関数 f を用いて，式 (A.3) のように表せ

る場合，この微分は完全微分であるという．微分が完全微分となる変数 (関数) は，独立変数の変化の経路 (複数の独立変数がある場合には，ある変数の組から別の変数の組へ移り変わるときの道筋が，一般に無数に存在する) にはよらず，独立変数の組を定めれば，一意的に決まることになる．

完全微分の定義を満たさない微分は，不完全微分と呼ばれる．熱力学では熱量の微分は不完全微分であることが知られている．微分が不完全微分となる変数の場合は，独立変数の組が同じであっても，変化の経路に依存した値を取ることになる．例えば，

$$\mathrm{d}z = 3x^2 y \mathrm{d}x + x^3 \mathrm{d}y \tag{A.9}$$

は $f(x, y) = x^3 y$ とすれば完全微分の条件を満たすが，

$$\mathrm{d}z = 2x^2 y \mathrm{d}x + x^3 \mathrm{d}y \tag{A.10}$$

の場合は，適当な f が存在しないので，不完全微分である．不完全微分は，完全微分と区別して，別の微分記号 $\mathrm{d}'z$ や δz などを用いて表されることがある．変化の経路によって値が変わるかどうかを見るには，例えば，$(x, y) = (1, 1)$ での値をそろえておき，$(x, y) = (1, 1) \to (2, 3)$ の変化を $(x, y) = (1, 1) \to (1, 3) \to (2, 3)$ のように変化させた場合の積分結果と $(x, y) = (1, 1) \to (2, 1) \to (2, 3)$ のように変化させた場合の積分結果を式 (A.9) と (A.10) をそれぞれ積分して比較してみればよい．

A.2 ガウス積分

次式で定義される定積分をガウス積分と呼ぶ．

$$I = \int_{-\infty}^{\infty} \mathrm{e}^{-x^2} \mathrm{d}x. \tag{A.11}$$

I^2 は次のように計算される．

$$I^2 = \int\int \mathrm{e}^{-x^2-y^2} \mathrm{d}x\mathrm{d}y. \tag{A.12}$$

右辺の積分を 2 次元平面上の積分とみなせば，極座標表示を用いて，

$$
\begin{aligned}
I^2 &= \int_0^{2\pi} \mathrm{d}\varphi \int_0^{\infty} r\mathrm{e}^{-r^2} \mathrm{d}r \\
&= 2\pi \times \frac{1}{2} \left[-\mathrm{e}^{-r^2} \right]_0^{\infty} \\
&= \pi
\end{aligned}
\tag{A.13}
$$

が得られる．したがって，

$$
I = \sqrt{\pi} \tag{A.14}
$$

である．$I > 0$ は自明であることに注意せよ．

A. 3 n 次元球の体積

半径 R の n 次元球の体積 $\Omega_n(R)$ は，次の積分で定義される．

$$
\Omega_n(R) = \int \cdots \int_{\sum_{i=1}^{n} x_i^2 < R^2} \mathrm{d}x_1 \cdots \mathrm{d}x_n. \tag{A.15}
$$

n 次元単位球 (半径が 1 の球) の表面積を S_n で表し，動径変数 $r = \sqrt{\sum_i x_i^2}$ を導入すれば，上の積分は次のように書き換え，計算することができる．

$$
\begin{aligned}
\Omega_n(R) &= \int_0^R S_n r^{n-1} \mathrm{d}r \\
&= \frac{S_n}{n} R^n.
\end{aligned}
\tag{A.16}
$$

S_n が現れるのは，3 次元の場合で考えれば，2 つの角度 (あるいは立体角と呼んでもよい) に関する積分の結果である．条件が動径変数のみにかかわるものなので，“角度” *[1] に関しては自由に積分できる．r^{n-1} の因子については，次元解析から，あるいは 2 次元，3 次元からの類推で理解できよう．$S_n r^{n-1}$ が，半径 r の n 次元球の表面積を表している．

次に，S_n を求めるために，前節で説明したガウス積分を n 次元で次のように計算してみる．

---

*[1] 一般の次元における角度はイメージしにくいかもしれないが，2 次元，3 次元からの拡張として類推するしかない．この拡張された角度と，動径変数を併せて n 次元の極座標と呼ぶ．

$$
\begin{aligned}
I_n &\equiv \int \cdots \int \mathrm{d}x_1 \cdots \mathrm{d}x_n \exp\left(-\sum_{i=1}^{n} x_i^2\right) \\
&= \left(\int_{-\infty}^{\infty} \mathrm{d}x \mathrm{e}^{-x^2}\right)^n \\
&= \pi^{n/2}.
\end{aligned}
\tag{A.17}
$$

1 行目の定義式で，被積分関数が動径変数しか含まないことに注意して，極座標を導入すれば，角度については自由に積分でき，次式のように変形される．

$$
I_n = S_n \int_0^{\infty} r^{n-1} \mathrm{e}^{-r^2} \mathrm{d}r. \tag{A.18}
$$

r 積分は，次式で定義される Γ (ガンマ) 関数を用いて表すことができる．

$$
\Gamma(z) = \int_0^{\infty} t^{z-1} \mathrm{e}^{-t} \mathrm{d}t. \tag{A.19}
$$

式 (A.18) で積分変数を $t = r^2$ に変えれば，Γ 関数の定義が利用できて，

$$
I_n = \frac{S_n}{2} \Gamma\left(\frac{n}{2}\right) \tag{A.20}
$$

が得られる．式 (A.17) の結果と組み合わせれば，

$$
S_n = \frac{2\pi^{n/2}}{\Gamma(n/2)} \tag{A.21}
$$

であることがわかる．したがって，$\Omega(R)$ は

$$
\Omega(R) = \frac{2\pi^{n/2}}{n\Gamma(n/2)} R^n \tag{A.22}
$$

となる．次節で示す Γ 関数の具体的な値を用いて，2 次元，3 次元の場合のよく知られた結果が再現することを確かめておくとよい．

A.4　Γ 関数とスターリングの公式

前節に登場した Γ 関数の引数が整数の場合には，具体的な値を簡単に計算できる．M を整数として，$\Gamma(M+1)$ を考えてみよう．定義式から，部分積分を繰り返し用いて変形していくと，

$$
\begin{aligned}
\Gamma(M+1) &= \int_0^\infty t^M \mathrm{e}^{-t}\mathrm{d}t \\
&= M\int_0^\infty t^{M-1}\mathrm{e}^{-t}\mathrm{d}t \\
&= \cdots \\
&= M(M-1)\cdots 1 = M!
\end{aligned}
\tag{A.23}
$$

が得られる．2段目の変形を注意深く見れば，M が整数でなくても成り立つ Γ 関数の特徴的な性質

$$
\Gamma(z+1) = z\Gamma(z) \tag{A.24}
$$

を証明したことになっていることがわかる．また，変数が 1/2 のときは

$$
\begin{aligned}
\Gamma\left(\frac{1}{2}\right) &= \int_0^\infty t^{-1/2}\mathrm{e}^{-t}\mathrm{d}t \\
&= 2\int_0^\infty \mathrm{e}^{-x^2}\mathrm{d}x \\
&= \sqrt{\pi}
\end{aligned}
\tag{A.25}
$$

であることがわかる．さらに，公式 (A.24) を利用すれば，

$$
\Gamma\left(\frac{3}{2}\right) = \Gamma\left(\frac{1}{2}+1\right) = \frac{1}{2}\Gamma\left(\frac{1}{2}\right) \tag{A.26}
$$

のように，変数が半奇数の場合の値も具体的に計算できる．

Γ 関数の変数の絶対値が非常に大きい場合にはスターリング (Stirling) の公式が成り立つ．以下で，それを導こう．簡単のため，M は正の大きな数であるとして，式 (A.23) 1 行目の定義式を用いよう．$+1$ の部分はあってもなくてもよいのであるが，扱いやすい形になるので，$M+1$ のままにしておく．この定義式を次のように書き換える．

$$
\Gamma(M+1) = \int_0^\infty \mathrm{e}^{-t+M\ln t}\mathrm{d}t. \tag{A.27}
$$

右辺の指数関数の変数部分にある関数の停留値 (極大あるいは極小) を求め，その極値のまわりで関数を展開する．t で微分することにより，$t=M$ で極値をとることがわかるから，展開は次のようになる．

$$
-t + M\ln t = -M + M\ln M - \frac{1}{2M}(t-M)^2 + \cdots . \tag{A.28}
$$

ここで，t 積分を，コーシー–リーマンの定理 [*2)] によって複素平面へ広げ，$t-M=x+\mathrm{i}y$ とおく．積分路を適宜変形すると，x に沿っての積分の場合，停留点を通るとき，式 (A.27) の被積分関数は極大となり，y に沿っての積分では，停留点で極小となる．このように，2 次元空間で変数の取り方によって極大になったり，極小になったりする停留点のことを**鞍点** (saddle point，ドイツ語では Sattelpunkt) という [*3)]．ここで用いられている近似計算の方法は，**鞍点法** (あるいは**峠道の方法**) と呼ばれているものである．式 (A.27) の場合では，x 方向に沿っての積分を採用する．x の範囲は $-M$ から ∞ の範囲であるが，$x=-M$ で，式 (A.28) の 2 次の項は十分大きな負の数になり，それが指数関数の肩に乗っているのであるから，積分 (A.27) への寄与は十分小さなものになる．したがって，式 (A.28) の 3 次以上の項を無視して，x の積分範囲を $-\infty$〜∞ とする近似が正当化される [*4)]．この結果，$M \gg 1$ の場合の近似的な計算として，以下が得られる．

$$
\begin{aligned}
\Gamma(M+1) &\simeq \mathrm{e}^{-M+M\ln M}\int_{-\infty}^{\infty}\exp\left(-\frac{1}{2M}x^2\right)\mathrm{d}x \\
&= \sqrt{2\pi M}\,\mathrm{e}^{-M+M\ln M} \\
&= M^M\mathrm{e}^{-M+\frac{1}{2}\ln(2\pi M)}.
\end{aligned}
\tag{A.29}
$$

これがスターリングの公式の主要部分である．最も粗い近似では $\Gamma(M)\simeq M^M$ であるが，M が十分に大きければ，これでも近似としてはほとんど問題がない．式 (A.28) で無視した項を考慮して，補正項を順次求めることも可能であるが，ここでは省略する．

---

*2)　コーシー–リーマンの定理については，数学，物理数学に譲ることとし，ここでは特に説明しない．

*3)　これは，関数の 3 次元表示が，乗馬用の鞍のように見えるからである．また，山と山の間を通り抜ける峠も同じ構造である．

*4)　ここでは，あまり厳密な説明はしていないので，少々の気持ち悪さは残るかもしれないが，それは数学を勉強するときに解決すればよい．このような計算で近似的な値が得られるという感触が理解できればよいであろう．

B 大数の法則と中心極限定理

ここでは，たくさんのランダムな変数の和や算術平均に関して成り立つ大数の法則と中心極限定理について，統計学的な説明をしておこう．ここで説明されるような事実が，多くの自由度から形成される力学系を統計力学によって扱えることの，1つの根拠となる．

B.1 大数の法則

同じ確率分布 $f(x)$ を持つ [*1] 独立な乱数の組 $\{x_k\}$ を考える．k は1から n までの整数を取るものとする．n は観測の回数に対応する．また，この乱数には期待値 μ が存在するものとする．

$$\mu = \sum_x x f(x). \tag{B.1}$$

和は，x の可能な値すべてにわたるものである．このとき，任意の正数 ϵ (>0) に対し，n 回の観測の算術平均と μ の差の絶対値が ϵ より大きくなる確率 P は $n \to \infty$ のとき0に近づく．条件を $P\{\cdots\}$ のように表記することにすれば，

$$\lim_{n\to\infty} P\left\{\left|\frac{x_1 + \cdots + x_n}{n} - \mu\right| \geq \epsilon\right\} = 0. \tag{B.2}$$

表現を変えれば，平均値が期待値からずれる確率は，観測回数を無限に増やせば，限りなく0に近づくということである．これが，**大数の法則**であり，実験データを増やせば，より真実の値に近づくと考える根拠になっている．

[*1] これは，変数が x という値になる確率が $f(x)$ であることを意味する．当然のことながら，$f(x)$ は規格化条件 $(\sum_x f(x) = 1)$ を満たす．

以下で，大数の法則の簡単な証明をしておこう．確率分布が与えられれば，期待値のまわりに変数がどの程度ばらつくのかを表す分散を計算することができる．分散 σ^2 は次式で定義される [*2]．

$$\sigma^2 = \langle (x-\mu)^2 \rangle = \sum_x (x-\mu)^2 f(x). \tag{B.3}$$

最も一般的な大数の法則の証明には σ^2 が有限に存在することは必ずしも必要ではないのであるが[11]，ここでは，簡単のため分散の存在を仮定した場合の証明を説明する．

独立な n 回の観測で得られる値の和を S_n としよう．

$$S_n = x_1 + \cdots + x_n. \tag{B.4}$$

S_n を乱数とみなせば，その確率分布は $f(x_1)f(x_2)\cdots f(x_n)$ で与えられる．したがって，S_n の期待値 $\langle S_n \rangle$ は

$$\langle S_n \rangle = n\mu \tag{B.5}$$

となる．例えば x_1 の期待値を計算する場合，$x_2, \ldots, x_n$ は含まれないので，$\sum_{x_2} f(x_2) = 1$ などの規格化条件により，実質的に $f(x_1)$ だけをかけて和を取ればよいことになる．同様にして，S_n の分散 $\langle (S_n - n\mu)^2 \rangle$ を計算すると，

$$\begin{aligned}
\langle (S_n - n\mu)^2 \rangle &= \langle (x_1 - \mu + x_2 - \mu + \cdots + x_n - \mu)^2 \rangle \\
&= \sum_{k=1}^{n} \langle (x_k - \mu)^2 \rangle + 2\sum_{k>l} \langle (x_k - \mu)(x_l - \mu) \rangle \\
&= \sum_{k=1}^{n} \langle (x_k - \mu)^2 \rangle + 2\sum_{k>l} \langle (x_k - \mu) \rangle \langle (x_l - \mu) \rangle \\
&= n\sigma^2
\end{aligned} \tag{B.6}$$

となる．3 段目の第 2 項は，独立に期待値を取ることができるので 0 となる．

次に，負でないものの和を取る場合，部分和は総和を超えないことに着目して，以下の不等式を証明する [*3]．

---

*2) 一般的な変数や関数の期待値を表す記号として $\langle \cdots \rangle$ を用いる．

*3) チェビシェフの不等式と呼ばれる．ロシアの数学者チェビシェフ (Pafnuty Lvovich Chebyshef, 1821–1894) によって最初に証明された．

$$P\{|x-\mu| \geq \alpha\} \leq \frac{\sigma^2}{\alpha^2}. \tag{B.7}$$

ここで，α は任意の正数であり，乱数 x は期待値 μ，分散 σ^2 を持つものと仮定してある．σ^2 は式 (B.3) によって定義される．右辺の和の成分は負になることはないので，条件つきの和に対し

$$\sigma^2 \geq \sum_{|x-\mu|\geq\alpha} (x-\mu)^2 f(x) \tag{B.8}$$

が成り立つ．$f(x)$ が負にならないことに注意すれば，右辺は

$$右辺 \geq \alpha^2 \sum_{|x-\mu|\geq\alpha} f(x) = \alpha^2 P\{|x-\mu| \geq t\} \tag{B.9}$$

を満たす．式 (B.8) と (B.9) を組み合わせれば，不等式 (B.7) が示される．これを S_n の分散に適用すれば，

$$P\{|S_n - n\mu| \geq \alpha\} \leq \frac{n\sigma^2}{\alpha^2} \tag{B.10}$$

が成り立つ．ここで，$\alpha = n\epsilon$ とおくと，

$$P\{|S_n - n\mu| \geq n\epsilon\} \leq \frac{\sigma^2}{n\epsilon^2} \tag{B.11}$$

が得られる．右辺は，$n \to \infty$ の極限で 0 に近づき，左辺は負になることはないので，条件式を見やすい形に書き換えて

$$\lim_{n\to\infty} P\left\{\left|\frac{S_n}{n} - \mu\right| \geq \epsilon\right\} = 0 \tag{B.12}$$

が証明される．α が任意の正数であったことから，ϵ も任意の正数と考えてよいことがわかる．

B.2 中心極限定理

大数の定理では，平均値が期待値からずれる確率が，観測回数を多くしていったとき，どのように 0 に近づくかまでは示されない．この点をもう少し具体的にしたものが，**中心極限定理**である．この定理では，平均値の確率分布が，観測回数無限大の極限で**正規分布** (ガウス分布) に近づくことが示される．このこ

とは，入学試験の受験者の点数分布や実験値の解析などで広く利用されている．

前節と同様，n 個の独立な乱数の組 $\{x_k\}$ を考える．個々の乱数は共通の確率分布 $f(x)$ に従って分布し，期待値 μ，分散 σ^2 を持つものとする．n が十分に大きい極限で，相加平均 $y = S_n/n$ は (x_k が離散的であったとしても) ほぼ連続変数とみなされ，その確率密度関数が，期待値 μ，分散 σ^2/n の正規分布 (確率密度がガウス関数になる分布) になることを中心極限定理という．

これを証明するために，y の代わりに

$$z = \frac{y-\mu}{\sigma/\sqrt{n}} \tag{B.13}$$

を導入し，その確率密度関数を $g(z)$ で表そう．$g(z)$ のフーリエ変換を $h(t)$ とする．

$$h(t) = \int_{-\infty}^{\infty} \mathrm{d}z g(z) \mathrm{e}^{\mathrm{i}tz}. \tag{B.14}$$

これは，z の関数 $\mathrm{e}^{\mathrm{i}tz}$ の期待値を計算していることになる．z の成り立ちを考えて，この期待値を直接 $\{x_k\}$ の分布から求めてみよう．

$$\begin{aligned}
\langle \mathrm{e}^{\mathrm{i}tz} \rangle &= \sum_{\{x_k\}} \exp\left[\mathrm{i}t\frac{y-\mu}{\sigma/\sqrt{n}}\right] f(x_1)\cdots f(x_n) \\
&= \sum_{\{x_k\}} \exp\left[\mathrm{i}t\sum_k \frac{x_k-\mu}{\sqrt{n}\sigma}\right] f(x_1)\cdots f(x_n) \\
&= \left(\sum_{x_1} \exp\left[\mathrm{i}t\frac{x_1-\mu}{\sqrt{n}\sigma}\right] f(x_1)\right)\cdots\left(\sum_{x_n} \exp\left[\mathrm{i}t\frac{x_n-\mu}{\sqrt{n}\sigma}\right] f(x_n)\right) \\
&= \left(\sum_{x} \exp\left[\mathrm{i}t\frac{x-\mu}{\sqrt{n}\sigma}\right] f(x)\right)^n \\
&= \left(\sum_{x} \left[1-\frac{t^2}{2}\frac{(x-\mu)^2}{n\sigma^2}+O(n^{-3/2})\right] f(x)\right)^n \\
&\simeq \left(1-\frac{t^2}{2n}\right)^n \quad (n \gg 1) \\
&= \mathrm{e}^{-t^2/2} \quad (n \to \infty).
\end{aligned} \tag{B.15}$$

ここで，$O(n^{-3/2})$ は，この部分の値がせいぜい $n^{-3/2}$ 程度であることを意味する．また，最後の段階では，自然対数の底 e の定義が用いられている．

これで，$g(z)$ のフーリエ変換が得られたので，逆変換により $g(z)$ が求められる．

$$
\begin{aligned}
g(z) &= \frac{1}{2\pi}\int_{-\infty}^{\infty} \mathrm{d}t \mathrm{e}^{-t^2/2-\mathrm{i}zt} \\
&= \frac{1}{2\pi}\int_{-\infty}^{\infty} \mathrm{d}t \mathrm{e}^{-(t+\mathrm{i}z)^2/2-z^2/2} \\
&= \frac{1}{2\pi}\int_{-\infty+\mathrm{i}z}^{\infty+\mathrm{i}z} \mathrm{d}t \mathrm{e}^{-t^2/2-z^2/2} \\
&= \frac{1}{2\pi}\int_{-\infty}^{\infty} \mathrm{d}t \mathrm{e}^{-t^2/2-z^2/2} \\
&= \frac{1}{\sqrt{2\pi}}\mathrm{e}^{-z^2/2}.
\end{aligned}
\tag{B.16}
$$

3 段目から 4 段目への変形ではコーシー–リーマンの定理によって積分路の変更がなされている．$g(z)$ が得られたので，y の確率密度関数 $p(y)$ を求めることができる．その際，実現確率は z で表しても，y で表しても同じであることに注意すれば，

$$
p(y)\mathrm{d}y = g(z)\mathrm{d}z \tag{B.17}
$$

が成り立ち，

$$
\begin{aligned}
p(y) &= g(z)\frac{\mathrm{d}z}{\mathrm{d}y} \\
&= \frac{\sqrt{n}}{\sqrt{2\pi}\sigma}\exp\left(-\frac{(y-\mu)^2}{2\sigma^2/n}\right)
\end{aligned}
\tag{B.18}
$$

が得られる．これは，期待値 μ，分散 σ^2/n の正規分布である [*4](中心極限定理の証明終わり)．n が大きい極限では，分散がどんどん小さくなり ($1/\sqrt{n}$ 程度になり)，y は μ 以外の値を取る確率がほとんど 0 になる．この振る舞いは，大数の法則で記述されているものと同じであり，中心極限定理では，μ 以外の値を取る確率が，どのように小さくなっていくのかということまで明示していることになる．

ちなみに，式 (B.18) の右辺は $n \to \infty$ の極限で，デルタ関数 $\delta(y-\mu)$ に近づく．デルタ関数は，引数が 0 と異なるところでは 0 になるが，引数が 0 にな

[*4] 試しに，$\langle y \rangle$，$\langle (y-\mu)^2 \rangle$ を計算してみることを勧める．

る点を含む積分で 1 を与えるという特殊な関数であり，物理学には頻繁に登場する．ディラック (Paul Adrien Maurice Dirac, 1902–1984) が，量子力学の記述で導入したものなので，ディラックのデルタ関数と呼ばれることもある．確率密度がデルタ関数になるということは，y が μ 以外の値を取る確率が 0 とみなせることを意味する．

熱力学で用いる物理量の単位

ここでは，熱力学に登場するいろいろな単位についてまとめておこう．物理量の単位は国際的な取り決めにより，SI 単位系 (国際標準単位系) を用いるのが原則であるが，熱力学では，歴史的な経緯もあり，1 つの物理量に対してもさまざまな単位が用いられている．

SI 単位系で，最も基本的な単位は，長さの m (メートル)，時間の s あるいは sec (秒)，質量の kg (キログラム) と電流の A (アンペア) である．これらを用いると力の N (ニュートン)，エネルギーの J (ジュール) を次のように構成することができる．

$$1\,\mathrm{N} = 1\,\mathrm{kg}\cdot\mathrm{m/s^2}, \tag{C.1}$$

$$1\,\mathrm{J} = 1\,\mathrm{kg}\cdot\mathrm{m^2/s^2} = 1\,\mathrm{N}\cdot\mathrm{m}. \tag{C.2}$$

古い物理学の教科書では cgs 単位系がよく用いられた．この単位系では，長さは cm (センチメートル，$10^{-2}\,\mathrm{m}$)，質量は g (グラム，$10^{-3}\,\mathrm{kg}$)，力は dyne (ダイン，記号としては dyn が用いられる，$1\,\mathrm{dyn} = \mathrm{g}\cdot\mathrm{cm/s^2} = 10^{-5}\,\mathrm{N}$)，エネルギーは erg (エルグ，$\mathrm{g}\cdot\mathrm{m^2/s^2} = 10^{-7}\,\mathrm{J}$) で表される．

熱力学では，熱エネルギーを cal (カロリー) で表すこともある．もともとは，水 1 g の温度を 1°C 上昇させるのに必要な熱量として導入されたものであり，熱の仕事当量 (式 (1.1)) を用いて力学的なエネルギーの単位である J に変換することができる．また，温度にボルツマン定数 (式 (1.7)) をかけるとエネルギーになることから，温度で熱エネルギーを表すこともある．量子力学がかかわる場合には，周波数や波数でエネルギーを表すことも多い *1)．これは，光の周波

*1) 特に，光に関して用いられる．

表 C.1 エネルギーの単位換算表

	J	cal	K	Hz	eV
1 J	1	0.239	7.24×10^{22}	1.51×10^{33}	6.24×10^{18}
1 cal	4.19	1	3.03×10^{23}	6.32×10^{33}	2.61×10^{19}
1 K	1.38×10^{-23}	3.30×10^{-24}	1	2.08×10^{10}	8.62×10^{-5}
1 Hz	6.63×10^{-34}	1.58×10^{-34}	4.80×10^{-11}	1	4.14×10^{-15}
1 eV	1.60×10^{-19}	3.83×10^{-20}	1.16×10^{4}	2.42×10^{14}	1

数 ν にプランク定数 (2.5 節参照) をかければフォトンのエネルギーになり，光の周波数と波数 k は光速 c を用いて $\nu = ck$ のように表されるからである [*2]．また，原子・分子の物理に関しては，電子を 1 V の電位差で加速した場合に得られる運動エネルギーである eV (electron-volt，電子ボルト) がしばしば用いられる．表 C.1 にエネルギーの換算表をまとめてある (紙面の関係で，有効数字は少なめにしてある)．表の中で，Hz (ヘルツ) は周波数の単位で，s^{-1} に等しい．

素粒子物理学の分野では，相対論的な静止エネルギーが，質量と光速の 2 乗の積で与えられることから，素粒子などの質量を静止エネルギーで表すことが多いが，熱力学にはあまりかかわりがないので，省略した．

表 C.2 圧力単位の換算表

	Pa (= N/m^2)	hPa (= mb)	mmHg (= Torr)	b	atm
1 Pa	1	10^{-2}	7.50×10^{-3}	10^{-5}	9.87×10^{-6}
1 hPa	100	1	7.50×10^{-1}	10^{-3}	9.87×10^{-4}
1 mmHg	1.33×10^{2}	1.33×10^{4}	1	1.33×10^{-3}	1.32×10^{-3}
1 b	10^{5}	10^{3}	7.50×10^{2}	1	9.87×10^{-1}
1 atm	1.01×10^{5}	1.01×10^{3}	7.59×10^{2}	1.01	1

圧力は，単位面積当たりに働く力なので，SI 単位系では Pa (パスカル，N/m^2) が用いられる．実用的には，その 100 倍である hPa (ヘクトパスカル) の方がより頻繁に用いられる．歴史的には，大気圧によって押し上げられる水銀柱の高さで気圧を表していたこともあって，mmHg という単位も用いられている．mmHg は Torr (トール) とも呼ばれる．気象の分野では mb (ミリバール) や，

*2) 国際標準単位系では，真空中の光速を $c = 2.9972458 \times 10^8$ m/s と定義し，速度の標準値として用いる．以前には，光速を実験的に測定していたが，現在では光速は定義値として導入されている．

標準的な大気圧である 1 気圧 (1 atm) も用いられる [*3]．1 バール (1 b，あるいは 1 bar) は，cgs 単位系で用いられた圧力の単位で，1 cm^2 に 1 Mdyn (メガダイン = 10^6 dyn) の力が働いていることを示す．それらの間の換算は表 C.2 のとおりである．

---

*3) 海水面における標準的な大気圧のことであり，atmosphere を略して atm という記号が用いられる．標準気圧 (standard atmosphere) と呼ばれることもある．1 atm の正確な値は 1.01325×10^5 Pa である．

スピンおよびスピン間相互作用について

スピンに関する知識は，磁性体の統計力学を論ずる上で欠かせない．また，スピン系のモデルは，磁性体だけでなく，合金や気相–液相転移の研究へも応用が可能である．ここでは，スピンに関する入門的説明を試みよう．

D.1　スピン角運動量

軌道運動に関連した角運動量 (軌道角運動量) $\boldsymbol{L}$ は (並進) 運動量 $\boldsymbol{p}$ と (位置) 座標ベクトル $\boldsymbol{r}$ の外積 (ベクトル積) で定義される．

$$\boldsymbol{L} = \boldsymbol{r} \times \boldsymbol{p} = \begin{pmatrix} yp_z - zp_y \\ zp_x - xp_z \\ xp_y - yp_x \end{pmatrix}. \tag{D.1}$$

量子力学では，運動量と座標の交換関係 (便宜上，$p_x = p_1$, $x = r_1$ のように表す)

$$[p_i, r_j] = \delta_{i,j} \frac{\hbar}{\mathrm{i}} \quad (i, j = 1, 2, 3) \tag{D.2}$$

が成り立つので [*1)]，角運動量の成分間に

$$[L_x, L_y] = \mathrm{i}\hbar L_z, \quad [L_y, L_z] = \mathrm{i}\hbar L_x, \quad [L_z, L_x] = \mathrm{i}\hbar L_y \tag{D.3}$$

が成り立つ．角運動量の 2 乗 $\boldsymbol{L}^2 = L_x^2 + L_y^2 + L_z^2$ や成分 L_z などは微分演算子として表され，演算子の固有値問題を微分方程式の固有値問題として扱うことが可能であり，固有関数もその内容が詳細にわかっている．軌道角運動量は

*1) $\delta_{i,j}$ はクロネッカーのデルタと呼ばれ，$i = j$ のとき 1，それ以外では 0 となる．

ここでの対象外なので，これ以上立ち入らない．

素粒子や原子などの特性として捉えられているスピンは，それらの粒子の自転のようなものと考えられ *2)，成分間に，式 (D.3) と同様の交換関係が成り立つことだけが知られている．一般化された角運動量は，回転変換にかかわる演算子として群論的に扱うことができ，変換性から，交換関係を導くことができる[12] のだが，ここではその議論は省き，交換関係を出発点として，スピン演算子の固有値について考察しよう．以下では，スピン角運動量 $\boldsymbol{S}$ を $\hbar$ を単位にして表すことにする．交換関係は

$$[S_x, S_y] = \mathrm{i}S_z, \quad [S_y, S_z] = \mathrm{i}S_x, \quad [S_z, S_x] = \mathrm{i}S_y \tag{D.4}$$

となる．軌道角運動量のように演算子の具体的形態がわからなくても，この交換関係だけから，固有値の振る舞いをある程度知ることができる．以下の議論は，軌道角運動量に対しても同様に成り立つものである．

まず，2 つの演算子

$$S_\pm = S_x \pm \mathrm{i}S_y \tag{D.5}$$

を導入し，さらに式 (D.4) から派生するいくつかの交換関係を導く．

$$[\boldsymbol{S}^2, S_z] = 0, \tag{D.6}$$

$$[\boldsymbol{S}^2, S_\pm] = 0, \tag{D.7}$$

$$[S_\pm, S_z] = \mp S_\pm. \tag{D.8}$$

式 (D.8) は複合同順である．式 (D.6) の関係式は，S_z の代わりに，S_x あるいは S_y に対しても成り立つ．量子力学の教えるところでは，可換な演算子は同時固有状態を持つことができる．すなわち，式 (D.6) から，$\boldsymbol{S}^2$ と S_z は同時固有状態を持つことができる．その同時固有状態を $|\lambda, m\rangle$ で表すことにしよう．λ は $\boldsymbol{S}^2$ の固有値を，また m は S_z の固有値を表す．

$$\boldsymbol{S}^2|\lambda, m\rangle = \lambda|\lambda, m\rangle, \tag{D.9}$$

---

*2) これは，あくまでも“自転”のようなものと考えれば理解しやすいという程度のことであり，自転であると断言する根拠はない．スピンは中身のわからない粒子の内部自由度を表していると考えるべきである．

$$S_z|\lambda, m\rangle = m|\lambda, m\rangle. \tag{D.10}$$

$\boldsymbol{S}^2$ も S_z も物理量を表す演算子なので，エルミート演算子であり，固有値は実数である [*3)]．また，物理的に考えて，

$$\lambda \geq m^2 \geq 0 \tag{D.11}$$

であることは自明であろう．

交換関係 (D.7) から，次の結果が得られる．

$$\begin{aligned}\boldsymbol{S}^2 S_\pm|\lambda, m\rangle &= S_\pm \boldsymbol{S}^2|\lambda, m\rangle \\ &= \lambda S_\pm|\lambda, m\rangle.\end{aligned} \tag{D.12}$$

この結果は，状態 $S_\pm|\lambda, m\rangle$ が，$\boldsymbol{S}^2$ の固有状態であり，その固有値は λ であることを意味している．さらに，交換関係 (D.8) から，次の関係を導くことができる．

$$S_z S_\pm|\lambda, m\rangle = (m \pm 1)S_\pm|\lambda, m\rangle. \tag{D.13}$$

この結果は，状態 $S_\pm|\lambda, m\rangle$ が，S_z の固有状態であり，その固有値は $m \pm 1$ (複合同順) に等しいことを意味している．すなわち，S_+ は S_z の固有値を 1 増やす作用をし，S_- は逆に 1 減らす作用をすることがわかる．これらの結果を統合すれば，状態 $S_\pm|\lambda, m\rangle$ は，状態 $|\lambda, m \pm 1\rangle$ に比例すると考えてよい．

$$S_\pm|\lambda, m\rangle = C_\pm(\lambda, m)|\lambda, m \pm 1\rangle \tag{D.14}$$

とおき，また $|\lambda, m\rangle$ は規格化されているものとして，式 (D.14) のエルミート共役 [*4)] を考え，各辺で内積をとると，

---

*3)　エルミート演算子の定義については，量子力学で学ぶことになる．ここでは，固有値が実数になることを数学的に証明することが可能であるということだけ認識しておけばよい．

*4)　エルミート共役の詳しい定義は量子力学に譲るが，ある演算子 A のエルミート共役は $A^\dagger$ のように表記する．ここで扱われている演算子の場合，$S_\pm^\dagger = S_\mp$ である．また，積のエルミート共役を取ると，積の順序が逆転し，状態の方はエルミート共役を取ると，$|\psi\rangle \to \langle\psi|$ のように変換される．

$$
\begin{aligned}
|C_\pm(\lambda, m)|^2 &= \langle \lambda, m | S_\mp S_\pm | \lambda, m \rangle \\
&= \langle \lambda, m | \{S_x^2 + S_y^2 \pm \mathrm{i}(S_x S_y - S_y S_x)\} | \lambda, m \rangle \\
&= \langle \lambda, m | \{\boldsymbol{S}^2 - S_z^2 \mp S_z\} | \lambda, m \rangle \\
&= \lambda - m^2 \mp m
\end{aligned}
\tag{D.15}
$$

が得られる．式 (D.11) から，$\boldsymbol{S}^2$ の固有値である λ が決まっているとき，S_z の固有値 m には最大値と最小値があることがわかる．上で示した $S_\pm$ の作用は m に最大値があるかどうかにはかかわらず成り立っているので，m の最大値を s で表すことにすれば，それ以上増やせないのであるから，

$$
|C_+(\lambda, s)|^2 = \lambda - s^2 - s = 0 \tag{D.16}
$$

でなければならないことがわかる．このことは，m の最大値と λ の間に

$$
\lambda = s(s+1) \tag{D.17}
$$

という関係が成り立っていることを意味している．また，m の最小値を m_0 とし，S_- を作用させても，それ以上減らせないことに注意すれば，

$$
|C_-(\lambda, m_0)|^2 = \lambda - m_0^2 + m_0 = 0 \tag{D.18}
$$

が要請され，式 (D.17) を用いて

$$
m_0 = -s \tag{D.19}
$$

が得られる．$m = s$ の状態に S_- を作用させていけば，m の値が 1 つずつ減って，$m = -s$ に達すると，それ以上減らせなくなる．したがって，s と $-s$ の差，すなわち $2s$ は整数でなければならない．このことから，s は整数または半奇数 *5) でなければならないこともわかる．また，λ が 1 つ与えられると，m は $-s$ から s まで，$2s+1$ 個の値を取りうることになる．$2s+1$ は縮重度と呼ばれる．

*5) しばしば，半整数と表記されることもある．これは英語の half integer からくる表記で，英語の half が必ずしも 2 で割ることを意味せず，「半分 ··· である」の意味に用いられるためだと考えられる．日本語で半整数というと，整数を 2 で割るイメージが強いが，単に「半整数」という場合は，整数は除外され，奇数を 2 で割ったものを指すと考えるべきである．しかし，ここでは，紛らわしさを回避するため半奇数と表記しておく．

λ が s^2 より大きくなるのは，スピンが z 方向を向いているとしても，S_z と S_x あるいは S_y が交換しないため，S_z と S_x, S_y を同時に決めることはできないという不確定性が存在し，z 方向を向いているスピンの状態でも，$S_x^2 + S_y^2$ の期待値は 0 にならないためである．これは，一般に量子効果と呼ばれる．以下では，スピンの大きさを表すパラメータとして λ の代わりに，s を用いることにする．

このように，交換関係だけからも，固有値の振る舞いについては多くのことがわかるのである．ここで示したことは，少々抽象的でわかりにくかったかもしれないが，このような抽象的な議論だけから，固有値に関する知見が得られるという感触が伝われば十分である．本格的な理解は，量子力学でしっかり学べばよいのである．

▶スピンは角運動？

スピンは古典力学の範囲内で記述できないものであるが，力学に登場する角運動量と同じ性質のものであることが，1910 年にアインシュタインとドハース (Wander Johannes de Haas, 1878–1960) によってなされた有名な実験で示されている．この実験では，円筒形の強磁性物質を細いひもでつるして静止させておき，そのまわりを中空コイルで囲んで，コイルにパルス電流を流すと，強磁性体が回転をはじめるという現象が起こる．これは，強磁性体を構成するスピンの向きが，コイルに流れる電流によって発生した磁場のために変わり，スピンのベクトルとしての総和が変化するが，系には鉛直方向の重力以外の外力が働かないため，鉛直軸まわりの角運動量は保存しており，“角運動量” とみなされるスピンのベクトル和の変化を相殺する形で，物体の回転 (力学的角運動量の発生) が起こったと考えられるわけである．この現象は，アインシュタイン–ドハース効果と呼ばれている．

D. 2　スピン間相互作用

電子間のクーロン相互作用から，スピン–スピン相互作用がどのように導かれるかを示すために，まず 2 つの電子スピンの合成について考える．

電子のスピンは $s = 1/2$ であることが実験的にも確かめられている [*6)]．電子 1, 2 のスピンをそれぞれ，$\boldsymbol{S}_1$, $\boldsymbol{S}_2$ とし，その合成スピンを $\boldsymbol{S} = \boldsymbol{S}_1 + \boldsymbol{S}_2$ とする．これを 2 乗すれば，

$$\begin{aligned} \boldsymbol{S}^2 &= \boldsymbol{S}_1^2 + \boldsymbol{S}_2^2 + 2\boldsymbol{S}_1 \cdot \boldsymbol{S}_2 \\ &= \boldsymbol{S}_1^2 + \boldsymbol{S}_2^2 + S_{1+}S_{2-} + S_{1-}S_{2+} + 2S_{1z}S_{2z} \end{aligned} \tag{D.20}$$

となる．個々のスピンの上向きおよび下向きの固有状態を $|\alpha\rangle_i$, $|\beta\rangle_i$ $(i = 1, 2)$ のように表すことにして，上の $\boldsymbol{S}^2$ および S_z $(= S_{1z} + S_{2z})$ を合成の状態 $|\alpha\rangle_1|\alpha\rangle_2$ に作用させてみる．

$$\begin{aligned} \boldsymbol{S}^2|\alpha\rangle_1|\alpha\rangle_2 &= \left\{\frac{3}{4} \times 2 + 2 \times \left(\frac{1}{2}\right)^2\right\}|\alpha\rangle_1|\alpha\rangle_2 \\ &= 2|\alpha\rangle_1|\alpha\rangle_2, \end{aligned} \tag{D.21}$$

$$\begin{aligned} S_z|\alpha\rangle_1|\alpha\rangle_2 &= \left(\frac{1}{2} + \frac{1}{2}\right)|\alpha\rangle_1|\alpha\rangle_2 \\ &= |\alpha\rangle_1|\alpha\rangle_2. \end{aligned} \tag{D.22}$$

この結果は，状態 $|\alpha\rangle_1|\alpha\rangle_2$ が合成スピンの 2 乗ならびに合成スピンの z 成分の固有状態であり，合成スピンの大きさを S，z 成分の固有値を M で表すことにすれば [*7)]，$S = M = 1$ に対応するものであることがわかる [*8)]．合成スピン $\boldsymbol{S}$ の成分の間にも式 (D.6)〜(D.8) の交換関係が成り立つことは容易に確かめられる．したがって，$\boldsymbol{S}$ を 1 つのスピンとみなして扱うことが可能である．そこで，$S = M = 1$ の状態を表す $|\alpha\rangle_1|\alpha\rangle_2$ に $S_- = S_{1-} + S_{2-}$ を作用させれば，$S = 1$, $M = 0$ の状態を作ることができる．その際の係数は式 (D.15) から，

$$C_-(1, 1) = \sqrt{2 - 1 + 1} = \sqrt{2} \tag{D.23}$$

とすればよいことがわかる [*9)]．すなわち，

$$|S = 1, M = 0\rangle = \frac{1}{\sqrt{2}}S_-|\alpha\rangle_1|\alpha\rangle_2$$

---

*6)　シュテルン–ゲルラッハの実験が有名である．

*7)　本書中では，S はエントロピー，M は磁化を表す記号として用いられているが，合成スピンに関連した記号としては，この付録中だけなので，混乱はないであろう．

*8)　$\boldsymbol{S}^2$ の固有値は $S(S + 1)$ で与えられることに注意せよ．

*9)　式 (D.15) からは位相因子まで決めることはできないが，位相の任意性は波動関数に含めてしまうことができるので，ここでは，位相因子を無視しても差し支えない．

$$= \frac{1}{\sqrt{2}} \left(|\beta\rangle_1 |\alpha\rangle_2 + |\alpha\rangle_1 |\beta\rangle_2 \right) \tag{D.24}$$

によって $S=1$, $M=0$ の状態が得られる．ここで，

$$C_- \left(\frac{1}{2}, \frac{1}{2} \right) = \sqrt{\frac{3}{4} - \frac{1}{4} + \frac{1}{2}} = 1 \tag{D.25}$$

であることを用いた．さらに，この状態に S_- を作用させれば，同様の計算で

$$|S=1, M=-1\rangle = |\beta\rangle_1 |\beta\rangle_2 \tag{D.26}$$

が導かれる．これで，$\boldsymbol{S}^2$ および S_z の同時固有関数としての合成状態が 3 つ得られたことになる．もともと，各スピンが 2 つの独立な状態を取ることができるので，合成状態としては，4 つの独立なものが存在するはずである．4 つめの状態は，式 (D.24) で与えられる状態 $|S=1, M=0\rangle$ に直交する状態として決めることができる．この状態は $S=M=0$ に対応し，

$$|S=0, M=0\rangle = \frac{1}{\sqrt{2}} \left(|\beta\rangle_1 |\alpha\rangle_2 - |\alpha\rangle_1 |\beta\rangle_2 \right) \tag{D.27}$$

のように表される．実際，$\boldsymbol{S}^2$, S_z を作用させてみれば，$S=M=0$ を容易に確かめられるし，式 (D.24) との直交性も簡単に示すことができる．

このように，2 つの電子スピンを合成すると，大きさ 1 あるいは 0 の 1 つのスピンとみなすことができる．$S=1$ の状態は 3 つの状態からなるので，**三重項** (triplet)，$S=0$ の状態は 1 つの状態しかないので，**一重項** (singlet) と呼ばれる．三重項状態はスピンの交換に関して対称 (入れ替えで符号が不変)，一重項はスピンの交換に関して反対称 (入れ替えで符号が反転) である．

次に，2 つのイオン a と b を $\boldsymbol{R}_a$ と $\boldsymbol{R}_b$ におき，その周囲に 2 つの電子 1, 2 が存在している場合の量子力学的な状態を考えてみよう．電子の位置を $\boldsymbol{r}_1$, $\boldsymbol{r}_2$ で表す．この場合，系の全ハミルトニアンは形式的に

$$\begin{aligned} H_{\rm tot} = h_1 + h_2 + h_a + h_b + V(\boldsymbol{r}_1, \boldsymbol{R}_a) + V(\boldsymbol{r}_1, \boldsymbol{R}_b) + V(\boldsymbol{r}_2, \boldsymbol{R}_a) \\ + V(\boldsymbol{r}_2, \boldsymbol{R}_b) + U(\boldsymbol{R}_a, \boldsymbol{R}_b) + v(\boldsymbol{r}_1, \boldsymbol{r}_2) \end{aligned} \tag{D.28}$$

のように書き表すことができる．ここで，h_ν $(\nu = 1, 2, a, b)$ は電子やイオンの運動エネルギーを表す部分であり，V は電子とイオンの，U はイオン同士の，

v は電子同士の相互作用を表す．具体的な相互作用としては，クーロン相互作用を考えればよい．イオンは電子に比べて十分重く，電子状態を考える際には，運動エネルギーを無視しても大きな問題はない．また，イオンの運動を考えなければ，U の項は定数を与えるだけなので，省いてもよい．そこで，2 電子系のハミルトニアンとしては，実質的に

$$H_e = h_1 + h_2 + V(\boldsymbol{r}_1, \boldsymbol{R}_a) + V(\boldsymbol{r}_1, \boldsymbol{R}_b) + V(\boldsymbol{r}_2, \boldsymbol{R}_a) + V(\boldsymbol{r}_2, \boldsymbol{R}_b) + v(\boldsymbol{r}_1, \boldsymbol{r}_2) \tag{D.29}$$

を扱えばよい．この 2 電子ハミルトニアンの固有関数を $\Psi(\boldsymbol{r}_1, \boldsymbol{r}_2, \sigma_1, \sigma_2)$ のように表す．σ_1, σ_2 はスピン座標で，上で用いた α や β に対応すると考えればよい．ハミルトニアン (D.29) はスピンを含まないので，Ψ を軌道関数と，スピン関数の積の形に表すことが可能である [*10]．すなわち，

$$\Psi(\boldsymbol{r}_1, \boldsymbol{r}_2, \sigma_1, \sigma_2) = \psi(\boldsymbol{r}_1, \boldsymbol{r}_2)\chi(\sigma_1, \sigma_2) \tag{D.30}$$

のように表すことができる．これまで，あえて触れないできたが，電子は半奇数のスピンを持つのでフェルミ粒子に属する．フェルミ粒子というのは，区別できない粒子の中で，粒子の入れ替えに関して反対称 (入れ替えたとき波動関数の符号が反転する性質) になるものである．それに対し，整数スピンを持つ粒子はボース粒子と呼ばれ，この場合は粒子の入れ替えに対し，波動関数は対称 (入れ替えても波動関数の符号は不変) である．スピンと波動関数の対称性の関連はより専門的な量子力学で学ぶことなので，ここではこれ以上深入りしない．いずれにしても，電子がフェルミ粒子であることから，式 (D.30) の Ψ は電子 1 と 2 を入れ替えたとき，符号が反転しなければならない．合成スピンの固有状態は三重項と一重項に分かれ，前者はスピン 1 と 2 の入れ替えについて対称，後者は反対称なので，式 (D.30) のスピン関数 χ に対して，合成スピンの固有状態を取ることにすれば，三重項の場合の軌道関数は 1, 2 の入れ替えに対して反対称，一重項の場合は対称にならなければならない．前者を $\psi_t(\boldsymbol{r}_1, \boldsymbol{r}_2)$，後者を $\psi_s(\boldsymbol{r}_1, \boldsymbol{r}_2)$ と書けば，対応する固有エネルギーを E_t, E_s として

$$H_e\psi_t(\boldsymbol{r}_1, \boldsymbol{r}_2) = E_t\psi_t(\boldsymbol{r}_1, \boldsymbol{r}_2), \tag{D.31}$$

[*10] 偏微分方程式の変数分離に当たると考えてよい．

$$H_{\rm e}\psi_{\rm s}(\boldsymbol{r}_1, \boldsymbol{r}_2) = E_{\rm s}\psi_{\rm s}(\boldsymbol{r}_1, \boldsymbol{r}_2) \tag{D.32}$$

が成り立つ．エネルギーの値は，それぞれの波動関数によるハミルトニアンの期待値の形に表すことも可能であり，$E_{\rm t}$ と $E_{\rm s}$ の差は主として電子間相互作用の項に起因することが示される．

ハイゼンベルグは，合成スピンの 2 乗の式 (D.20)，1 段目の関係が

$$\boldsymbol{S}_1 \cdot \boldsymbol{S}_2 = \frac{1}{2}\left[\boldsymbol{S}^2 - \boldsymbol{S}_1^2 - \boldsymbol{S}_2^2\right] \tag{D.33}$$

のように書き換えられることに着目し，さらに右辺は，実質的に $[S(S+1)-3/2]/2$ と置き換えられることから，三重項，一重項に対するエネルギーの違いは，スピンの内積に関連づけられることに気づいた．エネルギーをスピンの内積の 1 次関数であるとすれば，スピンの有効ハミルトニアンは

$$H = -2J\boldsymbol{S}_1 \cdot \boldsymbol{S}_2 + A \tag{D.34}$$

のように表すことができる．式 (D.33) から，三重項 $(S=1)$ の場合は，実質的に $\boldsymbol{S}_1 \cdot \boldsymbol{S}_2 = 1/4$，一重項の場合は実質的に $\boldsymbol{S}_1 \cdot \boldsymbol{S}_2 = -3/4$ となるので，

$$E_{\rm t} = -\frac{1}{2}J + A, \tag{D.35}$$

$$E_{\rm s} = \frac{3}{2}J + A \tag{D.36}$$

が得られる．これを J と A について解けば，

$$J = \frac{1}{2}\left(E_{\rm s} - E_{\rm t}\right), \tag{D.37}$$

$$A = \frac{1}{4}\left(E_{\rm s} + 3E_{\rm t}\right) \tag{D.38}$$

となる．上で述べたように，$E_{\rm s}$ と $E_{\rm t}$ の差の源は，主として電子間クーロン相互作用にあり，それがスピン間の有効相互作用の形で現れることが示されたわけである．ここで示したスピン間の有効相互作用の導出は，かなり大ざっぱなものであるが，ハイゼンベルグモデルの起源が電子間相互作用にあるという感触はある程度理解できるのではないかと思われる．現実の系における J の評価は，ここでは取り入れられていないようないろいろな効果が寄与するため，簡単ではない．通常は実験的に $T_{\rm c}$ やキュリー定数などを測定して，逆に J の値を推測することが多い．

J は交換相互作用と呼ばれるが，その理由を以下で簡単に説明しておこう．2 電子系の軌道状態に対する最も簡単な近似として，電子 1 または 2 がイオン a または b の周囲にある場合の 1 電子固有状態 ϕ_{1a}, ϕ_{2a}, ϕ_{1b}, ϕ_{2b} の積和の形のものを仮定する；1 電子固有エネルギーは ϵ_0 であるとする．電子の交換に関する対称性を考慮すれば，

$$\psi_{\mathrm{t}}(\boldsymbol{r}_1, \boldsymbol{r}_2) = \frac{1}{\sqrt{2}}\left(\phi_{1a}\phi_{2b} - \phi_{1b}\phi_{2a}\right), \tag{D.39}$$

$$\psi_{\mathrm{s}}(\boldsymbol{r}_1, \boldsymbol{r}_2) = \frac{1}{\sqrt{2}}\left(\phi_{1a}\phi_{2b} + \phi_{1b}\phi_{2a}\right) \tag{D.40}$$

のように表すことができる [*11]．E_{t} や E_{s} が，H_{e} の対応する期待値で与えられるとすれば，

$$\begin{aligned} E_{\mathrm{t}} &= \langle\psi_{\mathrm{t}}|H_{\mathrm{e}}|\psi_{\mathrm{t}}\rangle \\ &= \frac{1}{2}\left(\langle\phi_{1a}\phi_{2b}|H_{\mathrm{e}}|\phi_{1a}\phi_{2b}\rangle - \langle\phi_{1a}\phi_{2b}|H_{\mathrm{e}}|\phi_{1b}\phi_{2a}\rangle\right. \\ &\qquad \left. -\langle\phi_{1b}\phi_{2a}|H_{\mathrm{e}}|\phi_{1a}\phi_{2b}\rangle + \langle\phi_{1b}\phi_{2a}|H_{\mathrm{e}}|\phi_{1b}\phi_{2a}\rangle\right), \end{aligned} \tag{D.41}$$

$$\begin{aligned} E_{\mathrm{s}} &= \langle\psi_{\mathrm{s}}|H_{\mathrm{e}}|\psi_{\mathrm{s}}\rangle \\ &= \frac{1}{2}\left(\langle\phi_{1a}\phi_{2b}|H_{\mathrm{e}}|\phi_{1a}\phi_{2b}\rangle + \langle\phi_{1a}\phi_{2b}|H_{\mathrm{e}}|\phi_{1b}\phi_{2a}\rangle\right. \\ &\qquad \left. +\langle\phi_{1b}\phi_{2a}|H_{\mathrm{e}}|\phi_{1a}\phi_{2b}\rangle + \langle\phi_{1b}\phi_{2a}|H_{\mathrm{e}}|\phi_{1b}\phi_{2a}\rangle\right) \end{aligned} \tag{D.42}$$

となる．したがって，式 (D.37) より，

$$J = \frac{1}{2}\left(\langle\phi_{1a}\phi_{2b}|H_{\mathrm{e}}|\phi_{1b}\phi_{2a}\rangle + \langle\phi_{1b}\phi_{2a}|H_{\mathrm{e}}|\phi_{1a}\phi_{2b}\rangle\right) \tag{D.43}$$

が導かれる．式 (D.29) に示される H_{e} のうち $v(\boldsymbol{r}_1, \boldsymbol{r}_2)$ 以外の項の (D.43) への寄与は，a と b の距離の指数関数として減衰するので，一般に小さいと考えてよい．$v(\boldsymbol{r}_1, \boldsymbol{r}_2)$ の項の寄与は，$\boldsymbol{r}_1 = \boldsymbol{r}_2$ で v が発散することから，比較的大きくなる．このため，粗い近似では

$$J \simeq \mathrm{Re}\langle\phi_{1a}\phi_{2b}|v(\boldsymbol{r}_1, \boldsymbol{r}_2)|\phi_{1b}\phi_{2a}\rangle \tag{D.44}$$

とおいてよい．Re は実部を取ることを意味する．この積分は，左右の状態が電子を入れ替えたものになっていることから，交換積分と呼ばれ，このことが J を交換相互作用と呼ぶ理由となっている．

[*11] この近似は，水素分子 H_2 の基底状態を求める際のハイトラー–ロンドン近似に対応するものである．

文　　献

1) 山本義隆：熱学思想の史的展開 1—3，筑摩書房 (2008)
2) I. Müller：*A History of Thermodynamics*, Springer (2006)
3) 国立天文台編：理科年表 (平成 24 年版)，丸善出版 (2012)
4) 小野嘉之：熱力学，裳華房テキストシリーズ—物理学，裳華房 (1998)
5) 久保亮五編：熱学・統計力学 (修訂版)，大学演習シリーズ，裳華房 (1998)
6) C. E. Shannon：“A Mathematical Theory of Communication”, http://cm.bell-labs.com/cm/ms/what/shannonday/shannon1948.pdf
7) H. B. Callen：*Thermodynamics*, John Wiley & Sons (1960)［邦訳：山本常信，小田垣孝共訳：熱力学　上・下，物理学叢書，吉岡書店 (1978–1979)］
8) L. E. Reichl：*A Modern Course in Statistical Physics*, University of Texas Press (1980)［邦訳：鈴木増雄監訳：現代統計物理　上・下，丸善 (1983–1984)］
9) E. A. Guggenheim：*J. Chem. Phys.*, 13, 253 (1945)
10) 小口武彦：磁性体の統計理論，物理学選書 12，裳華房 (1970)
11) W. Feller：*An Introduction to Probability Theory and Its Applications*, Vol. 1, 3rd ed., John Wiley & Sons (1968)［邦訳：河田龍夫，卜部舜一訳，確率論とその応用 1 上・下，紀伊國屋書店 (1960–1961)］
12) 小野嘉之：物理で「群」とはこんなもの，物理数学 One Point 13，共立出版 (1995)

索　　引

あ　行

か　行

さ 行

た　行

な　行

は　行

ま 行

や 行

ら 行

わ 行

著者略歴

小野嘉之（おの よしゆき）

1946年　満州に生まれる
1974年　東京大学大学院理学研究科博士課程修了
現　在　東邦大学名誉教授
　　　　理学博士
主　著　『シュレディンガー方程式の解法』（丸善，1993）
　　　　『物理で「群」とはこんなもの』（共立出版，1995）
　　　　『メゾスコピック系の不思議』（丸善，1995）
　　　　『ガウスの法則の使い方』（共立出版，1998）
　　　　『熱力学』（裳華房，1998）
　　　　『金属絶縁体転移』（朝倉書店，2002）
　　　　『量子力学的“オームの法則”』（パリティ編集委員会編，丸善，2002）

シリーズ〈これからの基礎物理学〉1
初歩の統計力学を取り入れた熱力学　　定価はカバーに表示

2015年 8 月20日　初版第1刷

著　者　小　野　嘉　之
発行者　朝　倉　邦　造
発行所　株式会社　朝　倉　書　店
東京都新宿区新小川町 6-29
郵便番号　162-8707
電　話　03(3260)0141
FAX　03(3260)0180
http://www.asakura.co.jp

〈検印省略〉

中央印刷・渡辺製本

ISBN 978-4-254-13717-0　C 3342　　Printed in Japan